EIE型节能日光温室内地
床架设小棚的育苗床

日光温室放风排湿筒
的通风与关闭状态

塑料大棚内架设地
膜小棚覆盖栽培

无柱钢架大棚春早熟
黄瓜新泰密刺

冀优Ⅱ型日光温室冬
春茬黄瓜津春5号

山东寿光型节能日
光温室冬春茬水果
型黄瓜戴多星

山东寿光型节能日光温室
冬茬水果型黄瓜戴多星

黄瓜霜霉病危
害初期症状

黄瓜霜霉病危害
中期症状

黄瓜叶片灰霉
病危害症状

多种药剂过量混用
造成塑料大棚黄瓜
药害症状

百菌清烟剂造成塑料
大棚黄瓜药害症状

科技兴农富民培训教材

棚室黄瓜高效栽培教材

编著者
高志奎　王　梅

金 盾 出 版 社

内 容 提 要

为了贯彻党中央关于加强农民技术培训的指示精神，帮助农民更好地依靠科技致富奔小康，金盾出版社与河北农业大学科教兴农培训中心共同策划，选择农民致富最常见的农业技术项目，约请热心农技推广的专家、教授编写，出版了这套“科技兴农富民培训教材”，共20分册。该套教材从现阶段农村技术需求和农民的文化技术基础出发，较好地体现了农村短期技术培训的特点和金盾版农业图书通俗、实用、价廉的特色。这套教材的出版，得到了河北省扶贫开发办公室和联合国教科文组织国际农村教育研究与培训中心的热情支持。

本书是这套培训教材的一个分册，内容包括：常用的棚室设施、黄瓜良种简介与栽培茬口安排、日光温室黄瓜栽培技术、塑料大棚黄瓜栽培技术、棚室黄瓜主要病虫害无公害防治技术及无公害黄瓜生产技术简介。本书语言简练，通俗易懂，介绍的技术先进、实用，适合作为科技下乡培训教材和农民自学读本。

图书在版编目(CIP)数据

棚室黄瓜高效栽培教材/高志奎，王梅编著．—北京：金盾出版社，2005.4

科技兴农富民培训教材

ISBN 978-7-5082-3493-9

Ⅰ．棚… Ⅱ．①高…②王… Ⅲ．黄瓜-温室栽培-技术培训-教材 Ⅳ．S626

中国版本图书馆 CIP 数据核字(2005)第 004857 号

金盾出版社出版、总发行

北京太平路 5 号(地铁万寿路站往南)

邮政编码：100036 电话：68214039 83219215

传真：68276683 网址：www.jdcbs.cn

彩色印刷：北京印刷一厂

黑白印刷：北京四环科技印刷厂

装订：海波装订厂

各地新华书店经销

开本：787×1092 1/32 印张：3.625 彩页：4 字数：77 千字

2010 年 4 月第 1 版第 5 次印刷

印数：37001—45000 册 定价：6.00 元

致　辞

世界二分之一以上的人口以及三分之二以上的贫困人口生活在农村地区。中国是世界上农业人口最多的国家，据2000年11月1日普查，乡村人口占63.91%。中国政府始终把农民脱贫致富看作是关系到国民经济能否持续、稳定发展的大问题。

近几十年来，中国农村中小学教育的发展，使农村劳动力的受教育水平有了显著的提高，但与城市居民相比，中国农民受教育程度总体上还不高，科学文化素质较低。随着农业经济的发展，农民迫切希望获得有关经济作物种植技术、农产品加工、家畜饲养等多方面的科技知识。而那些渴望摆脱贫困走向富裕的农民，更是急切地企盼通过便捷的学习新科学技术的途径，迅速发家致富。但他们缺乏与农业技术推广部门的沟通，也很少有机会得到专项培训和与公共服务部门的接触。

当前中国农业推广事业的发展，还没能使技术在农民增收中发挥最大作用，“科技兴农富民培训教材”系列图书的出版，为农民培训提供了丰富而可供选择的教材，使广大农民能够从中学到既先进又实用的新知识、新技术、新信息，这是一件提高农民素质，引导农民科学经营农业，不断增加收入的基础性、公益性益举。

国际农村教育研究与培训中心是中国政府和联合国教科文组织合作建立在中国的国际教育机构。自1994年成立以来，始终致力于农村教育思想、方法、技术的国际研究与传播，促进教科文各会员国之间对农村地区人力资源开发政策和战略的磋商与合作。河北农业大学科教兴农中心一直是我们密切合作的伙伴。他们情系农民、农村，心系农业创新与发展，始终如一。现在他们组织的“科技兴农富民培训教材”出版了，可喜可贺。愿该系列图书不仅给中国也给其他可适用国家和地区的农民带来切实的经济效益。

联合国教科文组织

国际农村教育研究与培训中心

2004年12月30日

序

当前,我国已经进入建设全面小康社会和加快推进社会主义现代化建设新的历史时期。解决好“三农”问题,直接关系经济社会的持续、快速、健康发展。党中央、国务院高度重视“三农”工作,把解决好“三农”问题作为全党和全部工作的重中之重,制定了一系列惠农政策,实行城乡统筹,加大对“三农”的投入力度。

农民增收是“三农”问题的核心。增加农民收入,必须大力拓宽农民就业渠道,加快农民向非农产业转移步伐,逐步减少农民数量。加强农民培训,使广大农民尽快掌握科技文化知识和生产技能,提高农民素质,是扩大农民就业、实现农民增收的重要途径。当前,科技发展日新月异,科技进步对推动经济社会发展的作用日趋突出。增强农业农村经济市场竞争力,推进农村小康建设,必须加大农业科技推广力度,促进科技进村入户,提高农民运用科技增收致富的本领。

河北省扶贫开发办公室和河北农业大学联合组织编写的这套《科技兴农富民培训教材》系列丛书,以培训农民为对象,以种植业、养殖业致富实用技术为重点，通俗易懂，简便易行，针对性、实用性、可操作性都很强，是农民脱贫致富的金钥匙。丛书的出版发行，对我省农业、农村经济发展必将起到有力的推动作用。

预祝“丛书”的出版发行取得圆满成功。

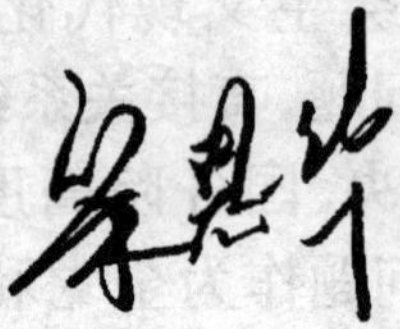

2005年3月16日

注：宋恩华同志现任河北省人民政府副省长

通讯地址：河北省保定市河北农业大学园艺学院
邮政编码：071001
咨询电话：0312—7528312

目　录

第一章　常用的棚室设施

本章仅对目前主要的棚室设施类型与结构特点进行介绍。建议读者在建造棚室时，综合考虑本地气候特点、当地建造材料的易得性和经济性、设施整体的温光性能优化以及抗风雪荷载能力、无害化生产配套设备等方面，以达到生产效果和经济效益最大化。

一、日光温室

（一）主要类型与结构

1. **普通型塑料日光温室**　常见的有半拱圆形塑料日光温室（图1-1）和半拱圆形无后坡塑料日光温室（图1-2）。结构特点：脊高1.8～2.4米，内跨5～9米；坡面半拱圆形，采用竹木结构或钢架结构，前坡以塑料薄膜和草苫覆盖；后坡为土木结构；东西北三面为土打墙或砖墙。优点是建造成本低，特别是无后坡类型的温室，建造成本更低。缺点是采光性能和保温性能较差。可用于春提早、秋延后生产喜温蔬菜，以及严寒季节生产耐寒、半耐寒性蔬菜，亦可增设火炉或其他加温设备（如地热、水暖器等）进行冬季喜温蔬菜育苗，为大中拱棚生产提供秧苗。

图1-1　半拱圆形塑料日光温室

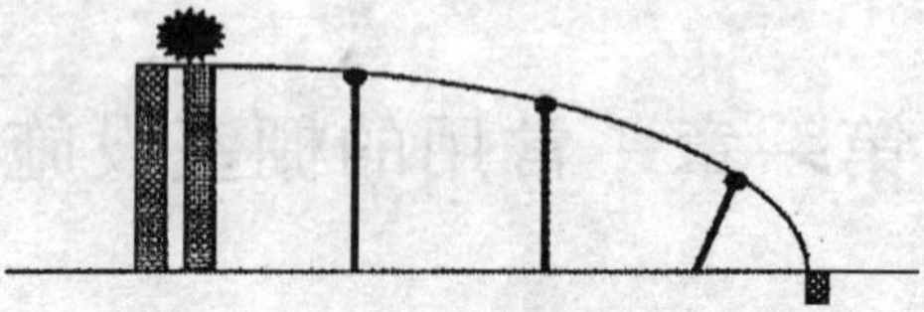

图 1-2　半拱圆形无后坡塑料日光温室

2. **冀优Ⅱ型节能日光温室**　结构特点：脊高 3 米，内跨 6～7 米，地平式或半地下式 0.3 米；前屋面为半拱圆形，采用钢架双梁、水泥预制拱架结构或钢架竹片混合结构，室内无柱，遮光量减少，操作更加方便，便于室内多层覆盖；前坡以塑料薄膜和草苫覆盖；后屋面仰角 50°，水平投影 0.8 米；后坡为草泥轻质保温材料；后墙为砖土结构，高度为 2 米，厚度为 1 米，为砖夹层聚苯板结构的后墙体，厚度为 24 厘米砖加 10～15 厘米聚苯板加 12～24 厘米砖；前底角外部设防寒沟，进出口设缓冲间，以加强防寒保温效果(图 1-3 和彩 2)。

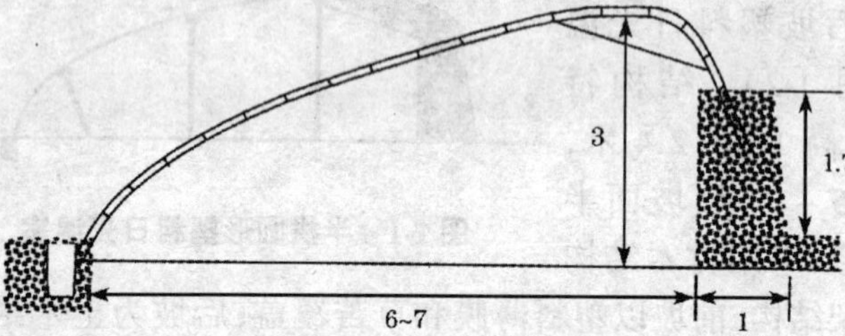

图 1-3　冀优Ⅱ型节能日光温室　(单位:米)

3. **廊坊 40 型节能日光温室**　结构特点：脊高 3.3 米，内跨 7～8 米，半地下式 0.3～0.5 米；前屋面的上部为琴弦微拱形，前底角区为 1/4 拱圆形，采用水泥多立柱、竹竿竹片相间复合拱架结构，或钢架双弦、单中柱结构；前坡以塑料薄膜和草苫覆盖；后屋面仰角 50°，水平投影 0.8 米；后坡为秸秆草泥轻质保温材料；后墙体为土筑结构，后墙高度为 2.2 米，底宽为 4 米，顶宽为 1.5 米；前底角外部设防寒沟，以加强防寒保温效果；后墙上设通气孔，利于炎热季节通风降温（图 1-4 和封 2）。

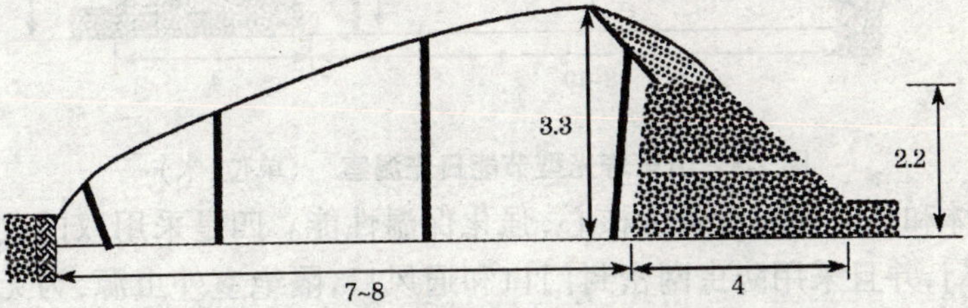

图 1-4 廊坊 40 型节能日光温室 （单位：米）

4. **山东寿光型节能日光温室** 其结构特点与廊坊 40 型节能日光温室极其相近。脊高 3.3 米，内跨 8～10 米，半地下式 0.3～0.5 米；前屋面为微拱圆形或琴弦微拱式，采用钢架双弦、单中柱或无柱式结构；后墙体为土筑结构，后墙高度为 2.2 米，底宽为 4 米，顶宽为 1.5 米，有的将后墙土体内外两侧贴砖；配备卷帘机（图 1-5 和彩 2）。

5. **EIE 型节能日光温室** 是河北农业大学针对日前农业科技园区的日光温室建造中存在投资过大、温室结构性能不甚理想两大问题，在冀中南地区气候型下进行日光温室的结构性能整体改良而成。

EIE 型节能日光温室（图 1-6、图 1-7 和彩 1）为高后墙无后坡型。主要特点：一是以高后墙、无后坡、内吞式缓冲间为优化核心，大幅度降低建造成本。二是以确保合理采光角度、增加采光时数为核心，改善采光性能。三是以超厚型保温墙

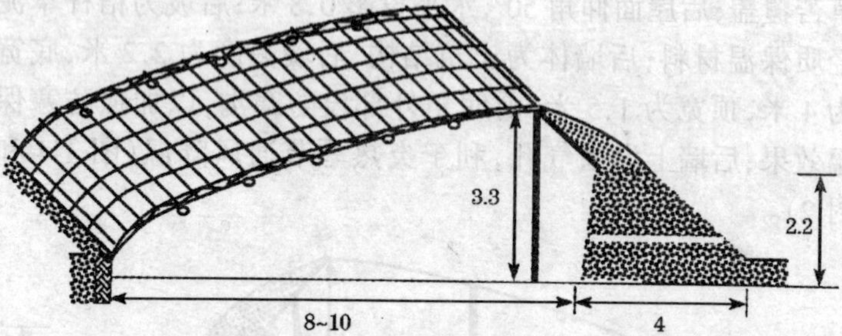

图 1-5　山东寿光型节能日光温室　(单位:米)

体和临时加温设备为核心,强化保温性能。四是采用双门式门,并且采用防虫网密封门口和通风口,隔绝室外虫源,为无害化生产提供基本设施保障。

其主要结构参数与要求:后墙高度(即脊高)3.3~3.5 米,内跨 7~8 米,无后坡。墙体材料为砖墙夹层聚苯板,即后墙和山墙 0.24 米砖加 0.15~0.2 米聚苯板加 0.12~0.24 米砖,形成超厚型保温墙体。骨架材料为拉花钢架加竹片混合结构。坡面透明覆盖材料采用聚乙烯无滴保温长寿三层复合薄膜,坡面不透明覆盖材料采用稻草帘或蒲席。严冬季节不仅透明棚面双苫覆盖卷放管理,而且后坡位置增加双苫覆盖加强保温防寒。使用单臂式卷帘机或顶拉式卷帘机,以避免严冬季节手工揭盖草苫导致的采光时数过短的问题。采用双门式内吞式缓冲间,不仅省去外设式缓冲间的建造成本,而且还可以充分利用室内近东西山墙角部区域的无效生产空间。同时,严格要求配备成本低廉的临时加温设备和电热温床育苗设备,构成越冬生产和育苗保障体系。

(二)建造要求与注意事项

1. 室内面积　一般日光温室室内栽培床面积以 350~

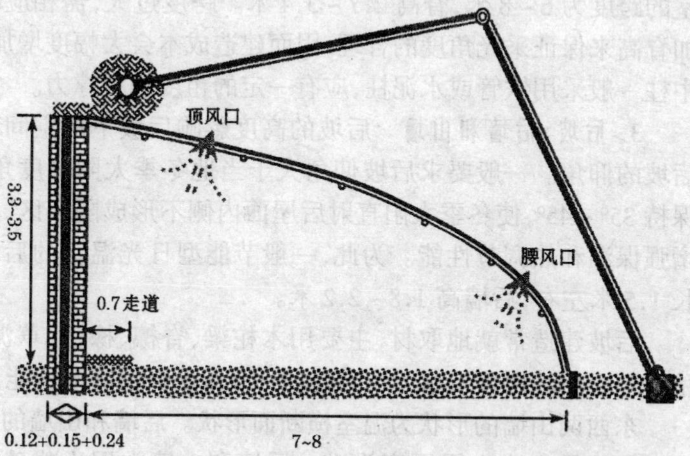

图 1-6　EIE 型节能日光温室棚型结构纵剖面　（单位:米)

图 1-7　EIE 型节能日光温室棚型结构平面图

420 米²为宜。温室面积过小,东西长度相应较短,不但东西两山墙上下午时段遮光严重,影响室内光照效果,而且室内空间小,贮藏热量少,保温性能差。温室面积过大,东西长度也相应较长,会给日常管理操作带来不便。

2. 跨度与脊高　普通型日光温室的跨度较大,而中柱低矮,严重影响采光屋面角度和采光性能。一般节能型日光温室的跨度为6~8米，脊高2.7~3.4米。跨度过大，需相应增加脊高来保证采光角度的合理，因而建造成本会大幅度增加。中柱一般采用铁管或水泥柱，应有一定的粗度和支撑力。

3. 后坡、后墙和山墙 后坡的高度影响后坡下的空间和后坡的仰角。一般要求后坡仰角大于当地冬季太阳高度角，保持35°~45°，使冬季太阳直射后屋面内侧不形成阴寒区，以增强保温和热调节性能。为此，一般节能型日光温室的后坡长1.5米左右，后墙高1.8~2.2米。

后坡建造常就地取材，主要用木柁梁、脊檩、椽子、草泥、秸秆等。后坡厚度要求50~60厘米，以保证保温防寒性能。

东西两山墙的形状为温室横断面形状。后墙和山墙的厚度以当地最大冻土层厚度为准。后墙和山墙常用土或砖构筑。土墙投资小，保温性好；砖墙保温性差、成本高，但永久性好。一般为双二四砖墙中间夹层聚苯板等保温材料的复合墙体，夹层聚苯板置入要求无缝隙，以增强保温性能。也有的建成砖垛土墙相结合的墙体，以增加牢固性。

4. 采光屋面 采光屋面的形状常见的有半拱圆形和琴弦式微拱形（一斜一立形）。合理采光角度是指采光屋面中部、上部的合理采光角度为10°，下部为60°。半拱圆形采光屋面的合理采光角度应为当地地理纬度减去6.5°。采光屋面骨架包括拱杆（竹片）、腰檩（竹竿）和腰檩支柱（竹竿或木柱），也可以采用全钢架结构或钢架竹片复合结构。

骨架上覆有薄膜和草苫，特别是雨雪之后每块草苫重达100千克左右，前坡骨架承受压力较大，在建造和选材时应予以重视，防止被压塌。一般拱间距以50~60厘米为宜，不得超过70厘米。除非采用保温被外覆盖，拱间距可以放到1~1.2米。拉梁焊接在下弦上，以保证压膜紧绷的良好效果。

琴弦式微拱形采光屋面的合理采光角度为20°~27°，立窗高度为80厘米，角度为65°~90°。采光屋面常建成微拱形，以利于前坡牢固、薄膜绷紧和不被压沉。骨架一般用拱杆、支柱和8号铅丝拉紧而成。为减少遮光，可适当减少支柱和拱杆数量，但必须在东西两山墙外侧2米处设地锚将铅丝绷紧，防止覆膜和盖苫后下沉。

5. 农膜选用与覆盖方式 日光温室用塑料薄膜一般选用无滴长寿薄膜或无滴保温长寿三层复合膜。盖膜常采用三块膜方式或两块膜方式，以利于通风开口。用一块膜覆盖，无法通风排湿排热；用两块膜覆盖，将开口处留在采光屋面的中部；用三块膜覆盖，底膜宽1.5~2米，中膜宽约4米，上部膜宽1.3~1.5米，重叠部分宽20~25厘米。为了在严冬季节排湿，可在采光屋面上部自做放风排湿筒（彩1），每隔3米1个，筒直径约30厘米，筒高约50厘米。薄膜必须绷紧严密，防止漏风和薄膜上下浮动，影响室内保温性能。

6. 草苫与卷帘机 草苫幅宽1.5~1.6米，长8~10米。草苫单重不得少于40~60千克，以保证防寒保温效果。上苫时要装拉苫绳，以便拉苫和放苫。严冬季节应加盖双苫、纸被、棉被、无纺布（又称不织布、丰收布）等加强严寒季节的保温性能。卷帘机分为顶拉式和单臂式。卷帘机应保证雨雪后湿苫卷放的最大负荷。

7. 防寒沟 日光温室前底脚外侧应挖设防寒沟，以隔绝室内外热量交换，加强保温。防寒沟宽30~40厘米、深50~60厘米。沟内填装秸秆等保温材料，并用薄膜包裹防潮。

8. 进出口 为了保证温室的严密性，门口要设厚门帘，最好再设缓冲间，以防止冷风直接吹入。无缓冲间的，应在室内对门口处设薄膜屏风。

9. **建造场地选择与温室群布局** 应选在东西南三面无遮光物、土质肥沃、地势高燥、有水浇条件的地方。避免选在近公路处，以防止灰尘积存膜面影响透光性能。

应选东西向延长地块。长度50～70米。长度过小，东西两山墙在上下午时段遮光严重，室内温度波动太大；长度过大，进出搬运物品不方便。

一般前后排温室的间距为7～10米，防止前排对后排遮光。

温室的方位一般为正南。个别地区为争取上午多见光，选用抢阳型，即以原定畦长（东西向）为轴顺时针方向转7°～10°。也有的建造为抢阴型，即以原定畦长（东西向）为轴逆时针方向转7°～10°，因为某些地区严冬季节午前温度低、多雾、光线不好。

10. **建造时间** 土建结构应在封冻前10～15天完成。否则，墙体不易干透，经冬春冻融后，很容易倒塌造成事故和经济损失。

（三）小气候特点与调控管理技巧

1. **光照** 日光温室内的光照强度任何时候都低于室外。节能型日光温室由于采光角度合理，在严冬弱光季节，基本上能达到喜温果菜（如黄瓜）对光照强度的要求。若遇阴天甚至连阴天，光照严重不足，不仅影响蔬菜的光合作用，还影响室内的温度。为了改善温室的光照状况，要注意以下几点。

第一，建造日光温室要选择适宜的方位角，东西南三面应无遮光物，屋面采光角度要合理，尽量减少前屋面骨架（如采用琴弦式结构或悬梁吊柱式结构）。

第二，要采用无滴膜覆盖。每天及时揭盖草苫，以延长光照时数。即使连阴天也要短时间揭苫，以利用散射光。经常清扫膜面灰尘。严冬与春季更换新膜。

第三,在弱光季节(11 月下旬至翌年 3 月下旬)张挂镀铝镜面薄膜作反光幕,以改善室内后部的光照状况。强光季节及时撤掉反光幕,防止发生日灼伤害。

第四,不能用 200 瓦灯光补光,因为这种灯的光照强度远不能满足蔬菜光合作用的要求。

2. 温度　节能型日光温室改善了采光性能和保温性能,具有良好的"温室效应"和"热岛效应",因而在某些地区的严冬季节不加温就能生产喜温果菜。但若采光性能和保温性能较差,生产性能会大幅度降低,甚至不能正常生产,特别是在遇连阴雨雪天或重寒流天气的情况下,会出现过低气温,造成寒害甚至冻害。在光照充足的季节,处于密闭条件下易出现 40℃～50℃的高温,造成高温伤害。

室内温度的调控主要包括增温、保温和降温 3 个方面。

(1)增温措施　一是临时生火,要防止烟熏和煤气中毒;二是充分利用采光措施,可有效地提高室内气温和地温。

(2)保温措施　覆盖保温幕、地膜、小拱棚,温室前底脚内侧加挂地膜围裙,草苫晚揭早盖,加盖双苫或纸被、棉被、无纺布等。

(3)降温措施　白天降温多利用中午通风。利用通风时间的早晚、长短,通风口的大小来调节温度。夜温主要根据关闭通风口的时间、盖苫的时间及盖苫后揭苫前的温差变化规律调节。

3. 湿度　日光温室在薄膜覆盖下处于封闭或半封闭状态,室内空气相对湿度较大。特别是夜间,气温下降使室内膜面和蔬菜表面大量结露,病菌容易侵染;白天,因室内外温差而使膜面大量结露,影响光线透入。降低室内相对湿度的办法主要是通风排湿，在严寒季节，常用放风排湿筒排除湿气。严禁阴天或下午、傍晚浇水，上午浇水后应及时通风排湿，以减少夜间结露量，缩短结露期。地膜覆盖可以减少浇水次数及地表水分蒸发量，从而达到降低相对湿度的目的。

4. 二氧化碳 在密闭条件下，白天因蔬菜的光合作用，室内的二氧化碳含量常低于室外，仅为0.02%左右。补充室内二氧化碳含量的方法，一是大量施入有机肥料；二是通过通风补充室内二氧化碳含量；三是人工进行二氧化碳施肥。用工业硫酸加碳酸氢铵，使室内空气中的二氧化碳含量提高到0.1%左右，以促进蔬菜光合作用，提高蔬菜产量和品质。

5. 生物条件 多数日光温室连作重茬严重，导致室内病菌和害虫卵数量逐年增加，病虫害种类逐年增多，病虫害逐年加重。

旧温室应对床土及温室骨架消毒。方法是在播种前或定植前3～5天，每667米^{2}用硫黄2～3千克，加锯末熏蒸，密闭棚膜1昼夜。床土可用硫酸铜、高锰酸钾、多菌灵、恶霉灵等药剂浇灌消毒。

二、塑料大棚

(一)主要类型与结构

1. 悬梁吊柱式竹木结构大棚 是目前生产中应用最普遍的类型，是在多柱式竹木结构大棚基础上改进而成的(图1-8)。一般跨度为12～14米，矢高(顶高)为2.2～2.7米，长度为40～60米。以宽5～6厘米的竹片为拱杆，间距1米左右。每隔3米设1排立柱支撑拱杆。立柱用木杆或水泥预制柱。纵向用竹竿或木杆设拉梁，把立柱连成一个整体，并在拉梁上设吊柱支撑拱杆。拱杆盖薄膜后，用 8 号铁丝做压膜线。其特点是比较牢固，减少了部分支柱，造价较低。适于北方地区喜温果菜类的春提早和秋延后栽培，也可用于早春育苗或冬季生产耐寒、半耐寒蔬菜。

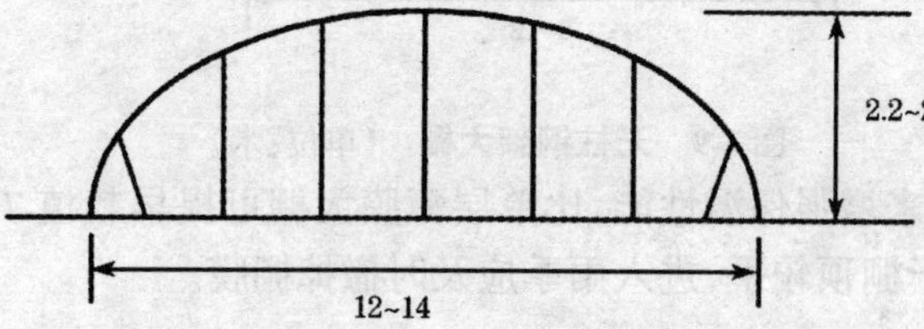

图 1-8 悬梁吊柱式竹木结构大棚 (单位:米)

2. **无柱钢架大棚和水泥预制骨架大棚** 一般无柱钢架大棚(图 1-9 和彩 2)的跨度为 8～12 米，矢高为 2.5～3 米。每隔 1 米设 1 个钢筋骨架，其上弦和下弦用直径 14～16 毫米的钢筋，拉花用直径 12 毫米的钢筋焊接而成。纵向拉梁用 5 道直径 14～16 毫米的钢筋焊接成一整体。水泥预制骨架大棚(彩 1)的高度和跨度与无柱钢架大棚相似。这 2 种大棚的特点是棚内无立柱，透光好，作业方便，可设保温幕或小拱棚(彩 1)保温，抗风雪能力强。一次性投资较大、跨度较小是其缺点。

3. **大跨大棚** 采用竹木骨架水泥立柱复合结构，是在悬梁吊柱式竹木结构大棚的基础上演化而成的(图 1-10)。一般跨度为 18～24 米，矢高为 1.8～2.1 米，长度为 40～60 米。立柱采用水泥预制柱，以增强棚体结构强度。由于跨度大，为了便于通风管理、保证通风效果，设两侧腰风口和一个顶部风口。为了早春提早栽植，常采用幅宽 2 米的地膜在棚内加设

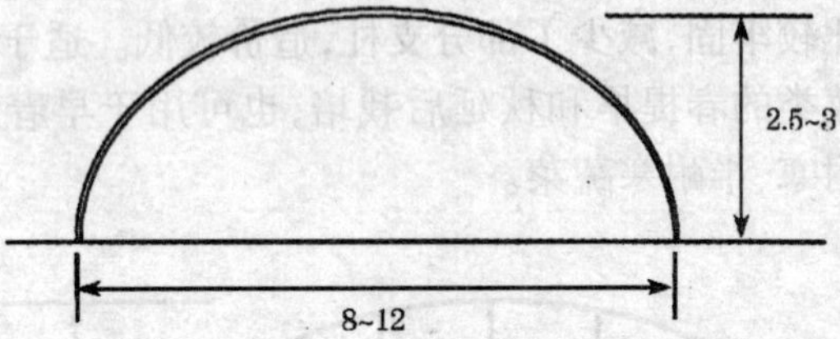

图 1-9　无柱钢架大棚　（单位:米）

双层棚,来增强保温性能,比单层薄膜大棚可提早栽植 7~10 天。由于棚顶较平,进入雨季应及时撤掉棚膜。

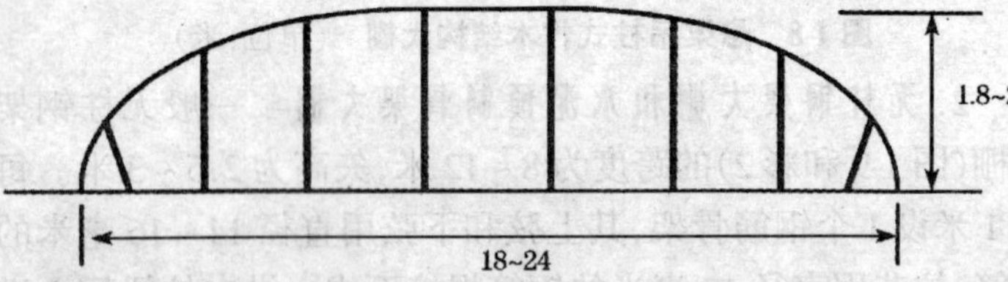

图 1-10　大跨大棚　（单位:米）

(二)建造要求与注意事项

1. 建造场地　要选向阳开阔、地势高燥、土质肥沃、水源方便、避开风口的地方。避开公路边、高压线、石油地下管道等。

2. 跨度　跨度大小与建造材料的结构强度和棚内作业的方便与否有关。一般无柱钢架大棚的跨度为 8~12 米;竹木结构大棚,因多立柱支撑拱杆,跨度可略宽些,为 12~14 米。若超过 15 米,会影响抗风载雪能力,日常作业因边缘地带低矮而不方便,大棚的通风效果也较差。

3. 长度　每栋大棚长度为 40~60 米。大棚过长,棚膜不易拉紧,管理运输也不方便。

4. 高度　大棚的矢高和肩高直接影响其结构强度、采光、保温、管理操作、造价等。竹木结构大棚矢高为 2.2～2.7 米,肩高为 1 米左右;无柱钢架大棚矢高为 2.5～3 米,肩高为 1.2 米左右。大棚过高,棚内空间大,棚温较稳定,虽然有利于田间作业和蔬菜生长,但是早春升温缓慢,热空气上升,不利于早熟栽培,而且建造成本也高。

5. 方向　南北向延长大棚的光照分布比东西向延长大棚更为均匀,蔬菜长势均匀,便于管理。两种大棚产量无明显差异,一般认为南北向延长为好,若受地形限制也可建成东西向延长。

6. 棚群布局　棚群建造时,南北向延长大棚的棚间距要保持 2 米以上,东西向延长大棚的前后排间距要保持 4 米以上。前后排棚体应交错布置,防止形成风口。

7. 扣膜与通风　大棚生产中通风方式多用自然通风,在大棚两侧肩高 1 米处扒缝通风。因此,扣膜时多用三块膜扣法,即顶部一大块,幅宽 12～14 米,两侧两块,幅宽 1.3 米,重叠 0.3 米左右。膜外的压膜线应绷紧拴牢固,以防春季风害造成损失。

(三)小气候特点与调控管理技巧

1. 温度　在薄膜覆盖下,由于温室效应,大棚内部的气温和地温显著高于室外,但由于夜间没有保温设备和加温设备,昼夜温差也大于外界。与露地相比,塑料大棚具有春提早、秋延后的作用。

在早春,夜间大棚内部的气温偏低,而初夏以后棚内气温又会偏高,应采取措施保温、加温和降温。

(1)保温措施　主要是多层覆盖。如外围草苫,内挂薄膜围裙，架设保温幕（只适合于空心式大棚），覆盖地膜，小拱棚覆盖等，可比单层大棚增温 1℃～6.7℃。多层覆盖后，早春白天要及时揭开采光。保温幕可以选用农膜，也可用无纺布。在无柱大棚内用铁丝吊托起来，便于夜拉昼开。大跨大棚内的双层棚膜一般采用地膜，用铁丝吊托固定，投资较小。

（2）加温措施　大棚加温主要是在早春骤然降温时，为防冻害的应急措施。主要有烧火炉、烧柴、点蜡烛、熏烟等措施。加温时应注意防止烟害。

（3）降温措施　主要靠两侧扒缝通风，通过控制风口大小，开闭时间早晚、长短来调节棚内昼温和夜温。盛夏季节应加大通风量，甚至开成“天棚”状降低棚内温度，有条件的可用遮阳网降温，可降温 3℃～10℃。

在早春，大棚地温刚好达到喜温蔬菜发根的温度下限，而盛夏季节又会超过喜温蔬菜根系正常生理活动的温度上限。因此，大棚的地温在早春需要提高，盛夏需要降低。早春提高地温的措施有提早扣棚积蓄热量、高畦加盖地膜、暗水栽苗减少降温、电热温床等，而盛夏高温季节降低地温远不如低温季节提高地温容易，较常用的措施是傍晚浇水降温。还可使用黑色地膜或银灰色反光地膜降温，也可地面盖草或麦秸、稻草等降低地表温度。

2. 湿度　大棚内的空气相对湿度一般较大。3～10 月，晴天白天棚内相对湿度为 50%～60%（在通风状态下），夜间经常在 90% 以上，特别是每次浇水后夜间常处于结露状态。阴雨天棚内气温下降，加上外界空气湿度大，通风排湿无效，致使棚内昼夜处于高湿状态，甚至结露。降低棚内湿度的措施参考日光温室有关部分。

3. 光照　大棚内的光照强度明显低于棚外。据天津市农业科学院蔬菜研究所观测，在聚乙烯薄膜覆盖下，于4月上旬至6月上旬，棚内光照强度仅为棚外光照强度的50%～60%，远不能满足喜光蔬菜的要求。大棚内光照强度过低与棚内立柱和拱架的遮光有关，也与棚膜的种类、老化程度、灰尘的多少、水滴附着等因素有关。如多柱式竹木结构大棚内光照强度从南至北依次递减，南北光照强度几乎相差50%。大棚方向对棚内光照状况也有影响。据观测，南北向延长大棚的光照比东西向延长大棚均匀。

为改善棚内的光照状况，应选用悬梁吊柱式结构或钢架结构，以减少立柱遮光。薄膜宜选用无滴防老化膜，并经常清扫膜面灰尘。大棚方向尽量南北向延长。

三、育苗床的种类与选择

(一)普通育苗床

黄瓜等喜温蔬菜播种育苗的苗床，通常在日光温室内采用地床做畦，畦面摆放育苗钵进行秧苗培育。这种地床常称为普通育苗床，由于没有增加地温的设备又常称之为冷床。为了改善苗床的温度状况，在严冬季节可以临时生火炉，也可以畦面架设小拱棚增温保温(图1-11和彩1)。地床育苗的特点是投资小、简便易行。缺点是严冬季节地温难以保障，会造成出苗缓慢、出苗不齐、不出苗、烂籽等问题。

通常，在严冬季节畦面地温难以保证的情况下，可以在瓦盆或者木箱等便于搬挪的容器内铺4～5厘米营养土作为播种床进行播种，出苗期间摆放在火炉附近，待黄瓜齐苗、2片子叶展平时，将幼苗移栽到地床上继续进行秧苗的培育。一般每定植667米^{2}黄瓜，播种床面积需3～4米^2，地床面积约需 50 米²。

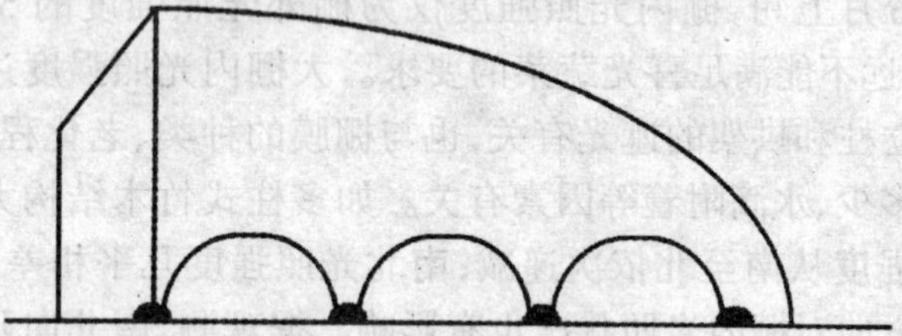

图 1-11　普通育苗床示意图

(二)电热温床

严冬季节育苗，为了保障地温，培育适龄壮苗，可以选用蔬菜育苗专用型地热线，制作成电热温床(图 1-12)。一般

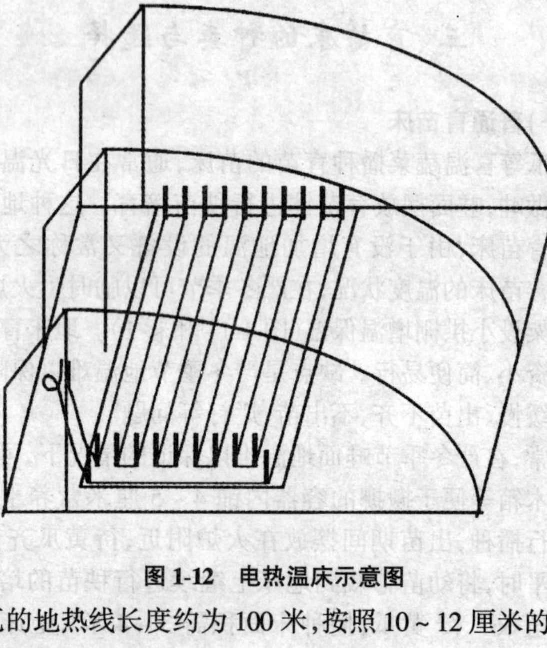

图 1-12　电热温床示意图

1 000 瓦的地热线长度约为 100 米，按照 10～12 厘米的间距布

线,可做成10～12米^{2}的电热温床。

制作方法:先挖深度约15厘米的床槽;畦面两端插小木桩,间距10～12厘米;布线,将两个线头引至一端,地热线上面覆土约5厘米(其余10厘米厚的土用于配制营养土及播种覆土),整平畦面,连接控温仪、刀闸、电源线;连接后试通电,观察无异常后即可使用。

注意事项:在布线、覆土等操作过程完成后,严禁地热线贴紧、打卷儿、露出土壤等现象发生;地热线不得有断头、破损等,以防漏电,造成事故;取出地热线时,严禁用铁锹等工具挖掘,以防造成地热线断头、绝缘层破损。

(三)遮荫防雨棚

夏秋季节进行黄瓜育苗时,多雨年份应该在日光温室或拱棚骨架上搭设薄膜防雨水;干旱年份应该在日光温室骨架上搭设遮阳网遮光降温。

一般塑料薄膜防雨棚搭成天棚形式,四周留出30～50厘米高的风口,以便通风降温。注意将棚膜固定牢固,防止暴风雨危害。

遮阳网以聚烯酯树脂为主要原料,通过拉丝、绕编而成,是一种高强度、耐老化、重量轻的网状农用覆盖材料。生产上常用的为幅宽1.8～2.5米的黑色遮阳网,遮光率有20%～75%等不同规格,使用寿命3～5年。

思考题

1. 你若建温室,想选择哪种类型?为什么?

2. 你现有的温室大棚与本书中介绍的类型相比,在结构和性能上有哪些不足?

3. 你在育苗中是否用过电热温床？为什么？使用中发现哪些优缺点？

4. 你是否打算在你的温室上使用卷帘机？为什么？

第二章　黄瓜良种简介与栽培茬口安排

一、黄瓜良种简介

（一）常用良种

1. **新泰密刺**　是山东新泰地方品种。由当地的小八叉和大青把两个地方品种天然杂交，经多次混合选择而成。植株生长势强。早熟，第一雌花着生在主蔓第四至第五节，瓜码密，一节上往往同时着生多个雌花。瓜条棒状顺直，长 25～35 厘米，青绿色，刺瘤密（彩 2）。瓜把短。瓜皮薄，肉厚，味浓，品质好。耐寒性较强，耐弱光，喜肥水，高抗枯萎病，不抗霜霉病和白粉病。单瓜重 150～250 克，棚室每 667 米^2 产量为5 000～8 000 千克。适合东北、华北、西北、苏北、皖北等地日光温室冬春茬、大棚春提早栽培。

2. **山东密刺**　该品种类似于新泰密刺，生长势较强，茎粗节短。主蔓结瓜，第一雌花着生于主蔓第三至第四节，回头瓜多。瓜条长棒状，深绿色，刺密。瓜肉厚，品质好。抗逆性强，耐低温弱光，抗枯萎病。适合棚室冬春栽培。

3. **津春 3 号**　是 1994 年天津市黄瓜研究所育成的日光温室专用一代杂交种。植株生长势强，茎粗壮，叶较大，深绿色，分枝力中等，适宜密植，即每 667 米^2 3 000～3 500 株。以主蔓结瓜为主，单性结实能力强。瓜条棒状，长约 30 厘米。瓜色深绿，刺瘤适中，白刺，有棱，把短。抗病能力强，抗霜霉病和白粉病，耐低温弱光能力强。早熟，从播种至始收 50 天左右。单瓜重200克左右，一般每公顷产量为75 000千克以上。适合越冬日光温室栽培。华北地区越冬日光温室的播种期一般为9月下旬至10月上旬，苗龄1个月左右，培育壮苗，适期定植。宜采用高畦地膜覆盖定植，每公顷栽52 500株。

4. 津春4号 是天津市黄瓜研究所育成的一代杂交种。1993年通过天津市农作物品种审定委员会审定。植株生长势强，株高2～2.4米，分枝多。主蔓结瓜为主，侧蔓亦有结瓜能力，并有回头瓜。瓜条长棒形，长30厘米，瓜色深绿，有光泽，白刺，棱瘤明显。瓜肉厚，质脆，味清香，品质佳。抗霜霉病、白粉病和枯萎病能力强。单瓜重约200克。一般每公顷产量为82 500千克，比津研4号增产30%～50%。适合我国各地露地栽培，每公顷栽植55 000株左右。

5. 津春5号 是天津市黄瓜研究所育成的加工与鲜食兼用的黄瓜一代杂交种(彩2)。该品种表现早熟，春露地栽培第一雌花着生在第五节左右，秋季栽培第一雌花着生在第七节左右。瓜条深绿色，刺瘤中等(外观接近津春4号)，瓜条顺直，长33厘米，横径3厘米。生长势较强，侧枝、主蔓同时结瓜。口感脆嫩，商品性状好，用以加工出口符合外观的要求，腌渍出菜率达56%，是加工与鲜食兼用的优良品种。抗霜霉病、白粉病、枯萎病等病害，尤其是在多年连茬地表现出明显的抗病优势。每公顷产量为60 000～75 000千克，较津春4号增产30%～50%。该品种适合拱棚春提前及秋延后栽培，一般定植密度为每公顷52 500～60 000株。

6. 津优1号 津优1号原代号5918，是天津市黄瓜研究所育成的一代杂交种。1997年通过天津市农作物品种审定委员会审定。该品种具有多抗、丰产稳产、品质优良的特点，是早春小拱棚、秋大棚专用黄瓜优良品种。植株紧凑，长势强，叶深绿色，主蔓结瓜为主，第一雌花着生在第四至第五节，雌花节率 25%左右。回头瓜多，丰产性好，单瓜重 250 克左右，一般每公顷产量为 75 000～90 000 千克。瓜条顺直，长 36 厘米左右，瓜色深绿，有光泽，瘤显著，密生白刺，瓜把短。瓜肉浅绿色、质脆、无苦味，品质优，商品性好，符合我国北方地区消费习惯。抗枯萎病、霜霉病和白粉病，具有良好的稳产性能。华北地区早春小拱棚栽培，一般在 3 月上中旬播种，苗龄 40 天左右，每公顷栽植 52 500～60 000 株。秋大棚可在 7 月底至 8 月初播种。

7. **津优 2 号** 是天津市黄瓜研究所育成的一代杂交种。1998 年通过天津市农作物品种审定委员会审定。植株生长势强，茎粗壮，叶片肥大，叶色深绿，以主蔓结瓜为主，分枝性弱，瓜码密，平均第一雌花节位为 4.2 节，回头瓜多，在良好栽培条件下，可上下反复多次结瓜。腰瓜长 32 厘米，瓜条棒状，深绿色，有光泽，瘤显著，密生白刺。果肉厚，外观佳，品质优。该品种早熟，从播种到采收约 70 天，采收期90～120 天，中前期具有较大的丰产潜力。单瓜重约 200 克，平均每公顷产量为 82 500 千克左右。抗枯萎病、霜霉病、白粉病等病害。适合日光温室栽培，尤其适合冬春茬日光温室栽培。苗龄 40～45 天、3 叶 1 心至 4 叶 1 心时定植，每公顷栽 51 000～52 500 株。

8. **津优 3 号** 是天津市黄瓜研究所育成的一代杂种。1999 年通过天津市和山西省农作物品种审定委员会审定。具有多抗、丰产、稳产、品质优良等特点，适合越冬日光温室、早春温室和大棚栽培。植株紧凑，长势强。叶深绿色。主蔓结瓜为主，第一雌花着生在第三至第四节，雌花节率 30%左右，回头瓜多。早期产量较长春密刺增加 37.6%，总产量较长春密刺增加 32.3%，单瓜重 230 克左右，每公顷产量达

85 000千克左右。耐低温、耐弱光能力强，在11℃～14℃低温和9 000勒弱光下仍能正常生长。春季提前播种，可获得较高的产量和经济效益。瓜条顺直，长35厘米左右，瓜色深绿，有光泽，瘤显著，密生白刺，瓜把短，瓜肉浅绿色，质脆，味甜，品质优，符合北方地区消费习惯。抗病性强，高抗枯萎病，中抗霜霉病和白粉病。具有良好的稳定性能。华北地区越冬日光温室的播种期一般为9月下旬至10月上旬，苗龄1个月左右。春大棚一般在12月下旬至1月上旬播种，苗龄40天左右。

9. **津优4号**　是天津市黄瓜研究所育成的一代杂种。具有多抗、丰产稳产、品质优良等特点，是露地黄瓜优良一代杂交种。丰产性好，植株紧凑，长势强。叶深绿色，主蔓结瓜为主，雌花节率40%左右，回头瓜多，侧枝结瓜后自封顶，较适宜密植。抗病性强，抗枯萎病、白粉病、霜霉病。耐热性好，在32℃～34℃高温下生长正常。商品性好，瓜条顺直，长35厘米左右，瓜色深绿，有光泽，瘤显著，密生白刺，单瓜重200～250克。每667米^{2}产量可达5 500千克。春露地可延长收获期，秋天种植可提前播种，获得较高的产量和经济效益。适合春秋露地栽培。

10. **津优5号**　是天津市黄瓜研究所育成的一代杂交种。植株长势强，以主蔓结瓜为主，瓜码密，回头瓜多。瓜条深绿色，棱瘤明显，白刺，把短。平均第一雌花节位为4.1节。抗霜霉病、枯萎病、白粉病能力强，耐低温弱光。早春种植每667米^{2}产量为6 000千克，秋冬种植产量可达5 000千克。适合早春茬和秋冬茬日光温室种植。

11. **津优10号**　由天津市黄瓜研究所育成。该品种生长势强，前期以主蔓结瓜为主，中后期主侧枝均具有结瓜能力。早熟性好，第一雌花着生在第四节左右，瓜条生长速度快，成瓜性好。瓜条深绿色，有光泽，刺瘤中等，口感脆嫩。兼抗霜霉病、白粉病和枯萎病。前期耐低温，后期耐高温。是早春塑料大棚栽培与秋延后大棚栽培的理想品种。

12. **中农7号** 是由中国农业科学院蔬菜花卉研究所育成的保护地早熟三交种。1994年通过山西省农作物品种审定委员会审定。植株生长势强，叶色绿，叶大，生长速度快。主蔓结瓜，侧枝强，第一雌花始于主蔓第二至第三节，雌株率80%左右，结瓜集中。瓜条长棒形，长30~35厘米，瓜色深绿，有光泽，瓜尾无黄条纹，无棱，刺瘤密，白刺。肉质脆嫩、味甜、品质好。早熟种，从播种到始收60天左右。较耐低温弱光，抗霜霉病、白粉病、黑星病、枯萎病、疫病及黄瓜花叶病。单瓜重150~200克，每公顷产量为75 000~105 000千克，前期每公顷产量为42 000千克。适合保护地春大棚栽培。

13. **中农12号** 是中国农业科学院蔬菜花卉研究所最新育出的适于露地和保护地栽培的早中熟一代杂交种。2003年通过山西省农作物品种审定委员会认定。生长势强，主蔓结瓜为主，第一雌花始于主蔓第二至第四节，每隔1~3节出现1个雌花，瓜码较密。瓜条商品性极佳。瓜色深绿，有光泽，无花纹，白刺，瓜长30厘米左右，瓜把短。单瓜重150~200克，前期产量高，丰产性好，每667米^{2}产量为5 000千克以上。抗霜霉病、白粉病、黑星病、枯萎病、病毒病等多种病害，为综合性状优良的保护地、露地栽培新品种。适合春保护地、早春露地及秋冬保护地栽培，尤其适于短季节速生栽培。华北地区春茬日光温室1月中旬育苗，2月中旬定植，3月中旬始收。春大棚2月中下旬育苗，3月中下旬定植，4月中下旬始收。春露地3月中旬播种，4月中下旬定植，5月底始收。

14. **中农13号** 植株生长势强，生长速度快，主蔓结瓜为主，侧枝短，回头瓜多。第一雌花始于主蔓第二至第四节。单性结瓜能力强，可多条瓜同时生长。瓜条棒形，长25~35厘米，瓜色深绿，有光泽，无花纹，瘤小刺密，无棱。该品种耐低温弱光性突出，高抗黑星病及其他主要病害，商品性好。单瓜重100~150克，每667米^{2}产量为6000~7000千克。适合保护地栽培。

（二）水果型黄瓜品种

水果型黄瓜，又称无刺"迷你"黄瓜，甜脆爽口，适宜鲜食，瓜型短小，表面光滑无刺，利于清洗包装，因此被称为高档黄瓜新品种。目前普遍认为，早春栽培宜选用戴多星（Deltastar RZ F_1）、拉迪特（Radiant RZ F_1）等长势旺盛的品种，秋延后栽培宜选用夏多星（22-91 RZ F_1），晚秋越冬栽培宜选用卡斯特（Kaster RZ F_1）、康德（Condesa RZ F_1）、春光2号等耐寒品种。

1. **戴多星** 是从荷兰瑞克斯旺公司引进的一代杂交种（彩2和彩3）。瓜型短小，心室占50%左右，口感好，综合表现最佳。孤雌生殖，单花性，每节结1~2个。瓜淡绿色，微有棱，瓜条采收长度为12~16厘米。品质好，味道好。抗病性强，抗黄瓜花叶病毒病，耐霜霉病、叶脉黄纹病毒病和白粉病。长势旺，适合早秋、早春日光温室和大棚种植，生产期较长。秋冬日光温室一般在7月下旬至8月中旬播种，越冬黄瓜的适播期为9月下旬至10月上中旬，早春日光温室和大棚在11月中旬至翌年2月初在日光温室内播种育苗。

2. **MK160** 是从荷兰德奥特种业集团引进的一代杂交种。瓜型短小，心室占55%左右，清香甜脆，口感非常好，既可作为水果食用，也可炒食，深受消费者喜爱。该品种生长势强，节成性好，一节多瓜，节节有瓜。瓜长14~16厘米，深绿色，成熟瓜油绿光亮，瓜条直，匀称，商品性状好。高抗霜霉病、疫病、白粉病、黑星病。单瓜重 75～100 克，每 667 米^2 产量为 2 500～3 000 千克。该品种耐低温弱光能力稍差，不宜在冬季种植，适合秋延后、春提早种植。每 667 米^2 栽植 2 000～2 300 株。

3. **春光 2 号**　是中国农业大学选育的一代杂交种。综合性状良好，种子价格适宜。中短瓜型，瓜长约 20 厘米，横径粗约 3 厘米，果面光滑无刺或略有隐刺，皮色亮绿。香甜脆嫩，口感好，适于鲜食。植株生长势强，以主蔓结瓜为主，根瓜出现在第四至第五节，雌花节率高，持续结瓜能力强，丰产潜力大。单瓜重 120 克左右，一般每 667 米^2 产量为 4 000 千克，高产可达 5 000 千克以上。耐低温弱光能力强，是日光温室冬茬栽培较为理想的品种。高抗枯萎病，较耐霜霉病等病害。

4. **康德**　该杂交种生长势旺盛，瓜长 12～18 厘米，表面光滑，味道鲜美，适合出口。孤雌生殖，每节结 1～2 个瓜，产量高。耐寒性好，耐霜霉病，抗白粉病。适合早春、秋延后、越冬日光温室栽培。

5. **拉迪特**　该品种生长势中等，叶片小，叶色淡绿色，瓜长 12～18 厘米。表面光滑，味道鲜美。孤雌生殖，多花性，每节结 3～4 个瓜，产量高，抗白粉病。适合早春、秋延后日光温室和大棚种植。

6. **中农 19 号**　是中国农业科学院蔬菜花卉研究所最新育成的光滑水果型雌型一代杂交种。长势和分枝性极强，顶端优势突出，节间短粗。第一雌花始于主蔓第一至第二节，其后节节为雌花，连续坐果能力强。瓜短筒形，长 15～20 厘米，单瓜重约 100 克，瓜色亮绿一致，无花纹，果面光滑，易清洗。口感脆甜。丰产，每 667 米^2 产量最高可达 10 000 千克以上。

抗枯萎病、黑星病、霜霉病和白粉病等。耐低温弱光能力强，适合越冬日光温室、春棚、春茬日光温室栽培。华北地区春茬日光温室1月中旬育苗，2月中旬定植，3月中旬始收。春棚2月中下旬育苗，3月中下旬定植，4月中下旬始收。越冬茬9～10月播种育苗，可用南瓜嫁接。每667米^{2}栽2 000～2 500株。打掉全部侧枝及5节以内雌花，注意疏花疏果，及时摘除畸形瓜纽，及时整枝落蔓。该品种不宜喷乙烯利、增瓜灵等激素。

7. **甜翠绿6号** 是北京生光地公司培育的一代杂交种。以主蔓结瓜为主，强雌性，瓜码密，瓜长18厘米左右，横径3厘米，无棱无刺，外皮绿色，有光泽。种子腔小，皮薄。口感香甜脆嫩。抗病性较强。适合大棚春茬和秋茬、日光温室早春茬、秋冬茬及越冬茬种植。每667米^{2}栽1 700～2 500株。

此外，还有荷兰德奥特种业集团的MK171和MK172，荷兰奔马斯公司的BS28036和BS158094，荷兰诺华公司的壮瓜以及西班牙西方种子公司的770066和770080等杂交种。

二、黄瓜栽培茬口安排

不论是露地生产，还是各种保护设施生产，生产经营者首先要考虑茬口安排(表2-1)与经济效益的关系。日光温室黄瓜生产，一是要把盛瓜期安排在春节、国庆节、五一节等，尽量提早上市，争取人无我有、人有我多、人多我改，日光温室、拱棚、露地各生产茬口的盛瓜期要错开。二是要考虑把盛瓜期安排在气候最适宜的季节，以取得高产高效益，减小管理难度和生产损失。节能型日光温室若进行一年两茬制生产，即冬春茬和秋冬茬，可以充分利用3～6月和9～11月的光热资源,获得高产高效益。三是要考虑提高保护设施的利用率。节能型日光温室投资很高,存在夏闲和冬闲问题,塑料大中棚也有冬闲问题。应安排间作、套作种植,巧妙解决夏闲和冬闲问题。如山东省青州市利用温室夏季种植草菇,从6月中旬至8月底,共种草菇3茬,每茬每667米^{2}纯收入2 000元以上;河北省肃宁县和饶阳县,在大棚冬闲期种植芫荽、小油菜、水萝卜、小葱等,效益也很好。四是要考虑与其他蔬菜轮作倒茬,以减少病虫累积和土壤次生盐渍化趋重等问题。

表2-1 冀中南地区黄瓜四季栽培茬口安排

茬 口	播种期	定植期	收获期
日光温室冬春茬	12月中下旬至翌年1月上中旬	2月上中旬至3月初	3月上中旬至6月
日光温室秋冬茬	7月中下旬至8月初	8月中下旬	9月中下旬至翌年1月
日光温室冬茬	8月中旬至9月中旬	9月中旬至10月中下旬	10月上旬至翌年6月
大中拱棚春提早	2月上中旬	3月下旬至4月初	4月下旬至7月
大棚秋延后	7月上中旬直播		9月上旬至11月上旬
小棚春提早	2月中下旬	4月上旬	5月上旬至7月
地膜双覆盖春提早	2月中下旬	4月上旬	5月上旬至7月
露地春茬	3月上中旬	4月中下旬	6月上旬至7月下旬

续表 2-1

茬 口	播种期	定植期	收获期
露地夏茬	5月下旬至6月中旬直播		7月中下旬至8月下旬
露地秋茬	6月中下旬直播		8月底至10月中旬

思考题

1. 你在黄瓜生产中用过哪些品种？有什么体会？
2. 你在选用黄瓜品种时，主要考虑哪些因素？
3. 温室大棚安排栽植茬口应考虑哪些因素？

第三章　日光温室黄瓜栽培技术

一、冬春茬

冬春茬黄瓜栽培，一般于12月中下旬至翌年1月上中旬播种，2月上中旬至3月初定植，3月上中旬至4月初始收，6月拉秧。其育苗期处于冬季，结瓜期处于春季和初夏季节。栽培技术较越冬茬容易，风险相对较小。日光温室冬春茬黄瓜栽培的关键措施：一是培育适龄壮苗。育苗期正值一年当中最寒冷的季节，必须千方百计防寒保温，保证幼苗正常生长发育。二是加强病害的综合防治。日光温室内小气候具有高湿的特点，利于许多病原体侵染。特别是连续阴雨天气，更应加强病害防治工作。否则，病害一旦暴发，将损失惨重。

(一)品种选择

选择品种应考虑以下几点：一是要求品种具有耐低温弱光以及耐高温高湿的特点，以适应日光温室内的小气候环境。二是要求品种早熟性好。要求第一雌花节位较低，瓜码较密，单性结实能力强。三是要求品种对病害的抗性或耐性不低于中等水平。可选用的品种有新泰密刺、山东密刺、津春3号、中农7号、中农12号、中农13号、戴多星、拉迪特等。其中，密刺系统黄瓜对霜霉病抗性弱，表现耐低温弱光、喜肥水、早熟性好、总产量高、瓜条商品性状好等优点；津春3号的抗病性较强，具有一定的耐低温弱光能力，适于新菜区或技术水平不高的菜区选用，一般不会因病害防治经验不足而造成毁产绝收。

(二)培育适龄壮苗

培育适龄壮苗是日光温室冬春茬黄瓜早熟丰产的基础。适龄壮苗的形态标准:日历苗龄45~55天,4~5叶1心,株高15~20厘米,茎粗,节短,叶厚,有光泽、绿色,根系粗壮发达、洁白,全株完整无损,第四或第五节着生第一雌花。若植株细高、叶片薄大色浅,为徒长苗;若苗期过长,叶片深绿、暗无光泽,植株矮小,为老化苗;若顶部雌花团聚,为花打顶苗。培育适龄壮苗要掌握好以下几个环节。

1. 适期播种 播种期依定植期向前推加苗龄计算。定植期主要根据日光温室设施的性能、当地气候及当年气候情况而定。在北纬36°~41°地区,节能型日光温室可以在2月上中旬定植,普通型日光温室性能较差,宜2月下旬至3月上旬定植。如果当年气候反常,连阴雨雪天气频繁,应推迟定植日期;若气候偏暖,可适当提前。北纬36°~41°地区,日光温室冬春茬黄瓜的适播期应在12月中下旬至翌年1月上中旬。若采用电热温床或酿热温床育苗,播种期可适当推迟10~15天。

2. 播种前的准备 主要包括温室、苗床、营养土、浸种催芽等。

(1)温室准备 日光温室应于冬前建好。旧温室应在播种前20~30天整修完毕,盖膜暖室烤地。每667米^{2}用硫黄1~2千克,90%敌百虫0.5~1千克,加锯末点燃熏烟,密闭温室消毒。新建温室可不消毒。

(2)苗床准备 在严寒冬季,为提高顺利出苗和幼苗正常生长发育,多采用温室内播种床播种、2片子叶1片心叶时移栽到移苗床的方式。

播种床可用瓦盆、木箱等，放在火炉附近提高土温，以利于迅速出苗；也可在日光温室内的高温部位架床育苗。一般在温室中部中柱前1米、高0.8～1米处用木材架床。

移苗床一般设在日光温室的中部，用薄膜隔开。为了保证温度，室内可临时生火增温，也可架设小拱棚增温保温。一般每667米^{2}用苗需播种床3～4米^2、移苗床40～50米^2。

在严寒季节，往往地温不足，不利于幼苗正常生长发育，连阴天还容易发生寒根、沤根、猝倒病等，影响成苗。可采用温室电热温床育苗，或火炕育苗，或酿热温床育苗等改善地温条件。电热温床育苗，温度容易控制，苗龄短(30～35天)，育苗成功率高，但在电力不足、供电不稳的地方不宜采用；火炕温床和酿热温床可就地取材，其成本低、技术简单，容易掌握。

酿热温床的制作方法：挖30厘米深的床坑。床底铺5～6厘米厚的乱稻草，踩实浇透水。再铺10厘米厚的新鲜马粪或粉碎的秸秆，踩实喷水，以手攥刚好滴水为度。上铺5厘米厚的细土，表层撒一薄层细沙或炉灰渣，其上摆放营养钵然后浇透水，并扣小拱棚。3～5天后发酵升温，待10厘米地温下降到25℃～30℃时即可点籽播种。

(3)配制营养土　营养土配方：菜田土5～6份，优质腐熟粪肥4～5份，配以速效肥料。如每立方米营养土加磨碎的硝酸铵1千克，过磷酸钙2千克，氯化钾1千克或磷酸二铵0.5千克，硫酸钾1千克，过筛混匀。注意不要掺入碳酸氢铵或尿素，以防产生氨害。如果菜田土较黏重，可酌情加入2～4份腐熟马粪，或腐熟麦糠，或少量炉灰渣。

营养土中最好不掺鸡粪。鸡粪含肥浓度高，易烧苗或诱发微量元素缺乏症。若肥源不足，必须使用鸡粪，用量宜少，不要超过2份，而且要充分腐熟过筛，与营养土混匀。

(4)装钵　黄瓜根系木栓化早，再生能力差。为了减少伤根，宜采用营养钵育苗。营养钵可用成卷的塑料薄膜筒，做成直径 8～10 厘米、高 10 厘米的塑料筒钵，内填装营养土。但是，此种塑料筒钵的最大缺点是装土环节费工。宜购买成品的黑色塑料钵，虽然价格比前者稍贵，但是可连续用 2～3 次，而且装钵省工。边装钵边摆放在苗床上，苗床摆满后，浇透水盖膜提温，以备移苗或直接点籽。若是播种床，一般在木箱或瓦盆内平铺 3～5 厘米厚的营养土，浇透水盖膜提温，待点籽。

(5)浸种催芽　每 667 米^2 用苗播种量为 100～150 克。在严寒季节，黄瓜播种前多用温水浸种催芽，以利于出苗。具体方法：先用凉水漂去瘪籽，把种子放入 55℃的热水中，热水量约为种子体积的 5 倍。用小木棒搅动 10 分钟，直至水温降到 30℃，浸泡 4～6 小时，以使种子吸足水分。然后将种子捞出清洗，搓去种皮表面的黏液，用湿布包起放在瓦盆中，置于 25℃～30℃处（如恒温箱、炕头、火炉旁边或温室内火道旁边）1 昼夜，即可露出小芽。催芽期间，每隔 4～5 小时用温水（25℃左右）冲洗种子 1 次，以起到补充水分、冲去黏液、通气的作用。待有 50%～70%种子出芽后，放在低温（1℃～5℃）处进行低温锻炼，以增强抗逆性，并等待播种。也可放在冰箱冷藏室中，或者放在温室前沿，用土盖上，但最多不得超过 2 天，否则胚根过长或老化，对培育壮苗不利。

3. **播种方式**　播种应选连续几天晴天的上午，力争上午播完。若当天上午播不完，宁可放到第二天上午再播，也不要在下午播种。播种方式多为点播，播种密度为 3.3 厘米见方。若地温条件较好，可直接点在苗床营养钵上，密度为 8～10 厘米见方。播种后覆土 2～2.5 厘米。覆土过浅，易带帽出土；覆土过厚，影响出苗速度。覆土要用过筛细碎潮湿温暖的土。

若选用室外土,应在室内提前预热1~2天。播种后及时覆盖小拱棚,密闭棚以提温保温和保湿,促进出苗。

4. **苗床管理** 从播种至定植是培育壮苗的关键时期。苗床管理的原则:一是要保证正常顺利出苗,苗齐苗壮。二是要协调温、光、水、气、肥、生物六大环境因素的关系,既要满足黄瓜正常生长发育,特别是分化雌花的需求,又要防止发生侵染病害和生理病害,确保幼苗健壮。应抓好以下管理。

(1)温度管理 这是黄瓜严寒季节育苗的中心环节。可分为五大阶段,见表3-1。

表3-1 黄瓜苗床温度管理指标 (单位:℃)

生育阶段	气温		地温	
	昼	夜	昼	夜
播种至出苗	25~30	22~25	22~25	20~22
80%出苗或齐苗至两子叶展开75°角	24~25	13~16	17~20	15~18
移苗(或嫁接)至缓苗(或嫁接成活)	25~30	17~20	20~25	17~20
缓苗或嫁接成活至定植前7~10天	24~25	12~15	18~22	14~17
定植前7~10天至定植	18~20	12~14	17~18	10~12

①第一阶段:播种至出苗,需3~4天。需扣小拱棚增温保温,气温白天25℃~30℃、夜间22℃~25℃,地温白天22℃~25℃、夜间20℃~22℃。5厘米地温不低于12℃才能保证出苗,争取幼苗在5~7天内出齐。通常采取生火炉来提温。

②第二阶段：80%出苗或齐苗至两子叶展开75°角，需2～3天。此时，幼苗对夜间低温的适应性较弱，不宜过早进行低温锻炼，仍需扣小拱棚防寒保温。气温白天24℃～25℃、夜间13℃～16℃，地温白天17℃～20℃、夜间15℃～18℃。此期温度过高，特别是夜间温度过高，易形成高脚苗。

③第三阶段：移苗（或嫁接）至缓苗（或嫁接成活），苗龄8～20天，移苗（或嫁接）在幼苗子叶展开75°角至第一片真叶展开时进行。此期移苗（或嫁接）不影响根系生长，伤根少甚至不伤根。移苗也必须选晴天上午，保证床温，防止移苗后出现连阴低温高湿，造成寒根或沤根。移苗前提前浇透水，有利于蓄热提温。移苗时将带小土坨的幼苗（或嫁接苗）放在营养钵土方上，覆土并点温水（30℃左右）。营养钵内的营养土填装七成满，营养土方8～10厘米见方，可保证整个苗期根系的营养。营养钵直径过小，根系营养不足，影响发根和水肥吸收，地上部秧苗拥挤，易徒长，细弱；直径过大，苗床占地面积太大，不经济。为促进移苗后发根缓苗（或嫁接成活），应扣小拱棚增加温度。气温白天25℃～30℃、夜间17℃～20℃，地温白天20℃～25℃、夜间17℃～20℃。若遇连阴天或寒流，应生火炉加温，以促发根缓苗。

④第四阶段：缓苗（或嫁接成活）后至定植前7～10天，苗龄40～45天。此期是幼苗期发根、长叶、雌花分化的重要时期，应适当降低温度，加大昼夜温差，保证低夜温，促进幼苗正常生长发育，防止高夜温造成徒长。一般气温白天24℃～25℃、夜间12℃～15℃，地温白天18℃～22℃、夜间14℃～17℃。具体方法：第一片真叶展开后，白天揭开小拱棚薄膜，增加光照，夜间再盖上小拱棚薄膜保温防寒；2叶1心后，昼夜都可不盖小拱棚薄膜，但夜温不得低于10℃。

⑤第五阶段：定植前7～10天至定植，苗龄45～55天。定植后温室温度条件较差，为使幼苗能适应定植后的环境，多在定植前7～10天进行低温炼苗。炼苗温度，气温白天18℃～20℃、夜间12℃～14℃，地温白天17℃～18℃、夜间10℃～12℃。注意气温和地温不得过低，长期过低的气温和地温，不但达不到炼苗效果，反而会影响根系的生理机能，地上部茎叶生长受到严重抑制，雌花分化过多，最初表现苗壮的假象，尔后表现出"花打顶"、幼苗老化等现象，影响定植后发棵和早期产量。

在整个苗期，若遇连阴天，白天应维持20℃左右，夜间不低于12℃，防止高温消耗营养过多以及低温发生寒害。如果是短期阴天，夜间最低温度可降至9℃～11℃。如果连阴7天以上，应生火炉加温，维持最低温度，以防发生寒害甚至冻害。

(2)水分管理　幼苗期应保证水分充足供应。严寒季节，育苗床由于薄膜覆盖，只在播种前或移苗时浇透水，就可满足整个苗期需水，一般不再浇水。苗床频繁浇水易造成表土板结、沤根、徒长、幼苗生长速度不匀、雌花分化不正常、定植后间断性无瓜等。若发现苗床缺水，应及时补充，保证幼苗需水。补水的原则：一是补水次数宜少不宜多，且要一次浇透，避免频繁补水和水过地皮湿（即"表湿下干"）现象。二是个别缺水个别补，全床缺水全床补。三是补水时期宜选在"阴尾晴头"，争取补水后有连续3天以上的晴天，防止浇水后遇阴天，以致湿冷结合造成寒根或沤根，甚至发生霜霉病、灰霉病、猝倒病等。四是浇水时间宜选在晴天上午。浇水后当天中午通风排湿，下午覆盖过筛细土，可防止表土板结，阻止水分蒸发，降低床内空气相对湿度，避免发病，亦有扩大根群的作用。用铁丝钩搂划床土表面可防止板结，但常发生伤根打蔫现象。

五是补水宜用温水，提前在温室火炉旁用大缸蓄水预热。冷水浇床会大幅度降低床土地温，影响根系生长和吸收功能。

(3)补充营养　苗床营养土育苗一般不需追肥。若连续阴天，特别是冷床育苗的地温较低时，根系吸收功能受阻，幼苗发黄瘦弱，可补充营养。叶面喷施0.2%尿素加0.2%磷酸二氢钾混合液；还可酌情适量加入0.5%～1%葡萄糖或白糖、0.3%食醋，以及成品叶面肥、微量元素(如硼、锌、铁)等。

(4)嫁接技术　黄瓜嫁接能预防土传病害(如枯萎病、疫病)，还能提高黄瓜整体的抗低温能力，而且发达的砧木根系吸水吸肥能力强，能够促进植株生长，提高产量。

砧木一般选用云南黑籽南瓜，采用舌靠接的方式，嫁接苗成活率高，便于操作管理。操作方法如下。

第一步，先播黄瓜，5天后播黑籽南瓜(每667米^{2}用苗需种量为1～1.5千克)。黑籽南瓜播种后7～11天，黄瓜已播12～16天，黄瓜幼苗第一片真叶长到约2厘米时为嫁接适期。嫁接时，用刀将黑籽南瓜真叶去掉(注意不要损伤根系)，然后在子叶下1厘米处下刀，刀口呈45°角向下斜切，深度不超过上胚轴粗度的1/3(图3-1)。刀口如果深达髓部，会影响成活率，刀口长度不宜超过1厘米。切好后，暂时放在干净的湿布上。

第二步，取黄瓜幼苗，在靠第一片真叶的一侧于子叶下面1.3厘米处以45°角向上斜削，深度达胚轴粗度的2/3，长度与砧木的切口基本相同。

第三步，将两棵幼苗的舌形切口互相插入，用小夹子夹住吻合处，使切口密切接触。嫁接后，在营养钵中栽苗，使南瓜根居中，黄瓜根与之相距约1～2厘米。摆好后填土埋根、浇水。浇水时不可触及接口，以免伤口感染病菌。嫁接后及时

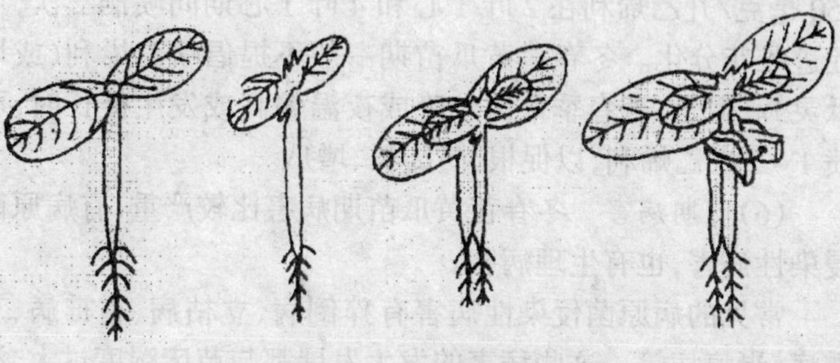

图 3-1 黄瓜舌靠接示意图

放入温室内小拱棚中，保温、保湿、遮光，促进成活。

嫁接后前 3 天要密闭小拱棚保温保湿遮光。气温白天保持在 25℃～30℃、夜间 17℃～20℃，地温 20℃以上，空气相对湿度90%～95%，以膜上常有水滴为度。每天用喷雾器喷水 2～3 次，以保持空气湿度。喷水时，可加入 75%百菌清 1 000 倍液，以防病菌侵入。每天下午 2～4 时用草帘遮光，防止蒸腾旺盛造成萎蔫。3 天后逐渐降低温湿度，气温白天保持在 22℃～25℃、夜间 15℃～17℃，相对湿度降至 80%～90%；逐渐增加光照，8 天左右后去掉遮光物，并用手掐伤黄瓜的下胚轴，阻止自身养分的输送，同时切除南瓜顶端再次长出的真叶或侧芽，迫使南瓜根系吸收的水分、养分流向接穗。10～13 天后，用刀片在紧靠小夹子的下面切去黄瓜的下胚轴，使接穗完全依靠砧木的根系生长。值得注意的是，黄瓜近地面胚轴易生不定根，影响嫁接效果，应适当提高砧木苗床的夜温，使黑籽南瓜的下胚轴稍长些。

(5)乙烯利的应用　乙烯利可促进黄瓜的雌花分化，也可促进生殖生长，抑制营养生长。如果育苗期间环境条件对雌花分化不利，如秋黄瓜苗期正值高温长日照季节，可用 150～

250毫克/升乙烯利在2叶1心和4叶1心期间喷洒2次，可促进雌花分化。冬春茬黄瓜苗期一般不提倡喷乙烯利（或增瓜灵）。但是，若春季育苗较晚或夜温偏高或发生徒长时，可喷1～2次乙烯利，以促根、防徒长、增瓜。

(6)苗期病害　冬春茬黄瓜苗期病害比较严重，有病原菌侵染性病害，也有生理病害。

常见的病原菌侵染性病害有猝倒病、立枯病、霜霉病、灰霉病、炭疽病等。这些病害的发生发展都与苗床湿度过大、温度过低或床土带菌过多有关。常见的生理病害有不出苗、烂籽、种子带帽出土、根系不发、寒根、沤根等。大多与床温过低、土壤过湿、播种过浅或过深、土壤肥害或碱害等有关。苗期病害的综合防治参见第五章。

(三)定植前的准备

1. **日光温室准备**　日光温室应在冬前建造，并盖膜提前增温暖室。要在改善温室的结构和光热性能上下功夫。若日光温室内已种植秋冬茬蔬菜，如芹菜、蒜苗等，应及时腾茬。若是韭菜，可按预先规划的畦埂定植黄瓜；如果前茬为黄瓜，且病害较重，最好在腾茬后在室内无蔬菜植株期间用硫黄熏蒸消毒。

2. **整地施肥**　黄瓜为浅根系作物，喜肥不耐肥，吸肥能力弱，要求土壤疏松肥沃。宜多施有机肥，以改善土壤透气性，提高土壤肥力；速效肥料过多易造成肥害。定植前及时翻耕20～33厘米，晒垡7天左右，施入基肥，耙平整细。每667米^{2}用优质粗肥1万千克，饼肥150～200千克；或用硝酸铵50千克，过磷酸钙50～100千克，硫酸钾15～20千克；也可用磷酸二铵50千克，草木灰150千克。粗肥和饼肥要充分腐熟细碎，2/3粗肥全面撒施，翻耙1～3次，使粪土混匀，耙平后做畦;其余 1/3 粗肥和全部饼肥或全部化肥于做畦后沟施。黄瓜栽培,特别是高畦地膜覆盖栽培,施足有机肥和氮磷钾肥料是壮秧早熟丰产的关键。

3. 做畦与覆地膜 整地施肥后,做龟背形高畦或马鞍形高畦(图 3-2)。畦高 10 ~ 15 厘米,底宽 130 厘米。小行距 55 厘米,大行距 75 厘米,畦面要求平整细碎,无坷垃。边做畦边覆地膜。覆膜要求四周绷紧,压实平整,保证质量。每 667 米^2 栽培床用幅宽 100 ~ 110 厘米的地膜 8 ~ 10 千克。地膜高畦中间留一浅沟(即马鞍形处),用于膜下浇水,俗称“膜下暗灌”。做畦与覆地膜要在定植前 5 ~ 7 天完成,以利于提高地温。冬春茬温室黄瓜的盛瓜期在 3 ~ 5 月,为使行内植株充分采光,高畦一般为南北向延长。

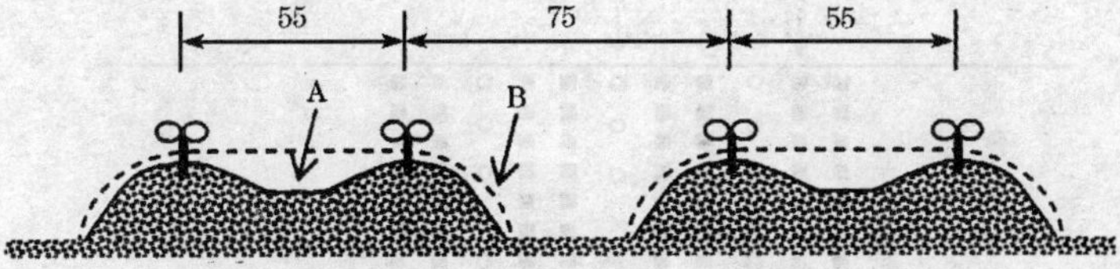

图 3-2 马鞍形高畦示意图 (单位:厘米)

A. 浅沟 B. 地膜

(四)定 植

1. 定植日期 日光温室冬春茬黄瓜定植期在 2 月上中旬至 3 月上旬。具体定植日期还要考虑日光温室内的小气候是否能满足黄瓜生育的要求。一般黄瓜根毛发生的最低温度为 12℃,生产上掌握在距温室前沿 30 ~ 40 厘米处的 10 厘米地温连续 3 ~ 4 天稳定在 12℃以上时定植。若定植后扣小拱棚或地膜,可在 10 厘米地温稳定在 10℃左右时定植。

定植日期应选在“阴尾晴头”天气的晴天上午。如果定植时遇阴天，可停栽或干栽，待天气转晴时再浇水，防止湿冷结合诱发病害和寒害。

2. **定植密度** 此茬黄瓜的合理栽植密度一般为每667米^2 3 300～4 000株。宽130厘米的小高畦栽双行，株距25～30厘米；畦宽90～100厘米的小高畦通常单行栽植，株距17～20厘米。

为了提高日光温室的土地利用率，增加前期产量，提高经济效益，生产上常采用主副行方式栽植（图3-3）。主行栽植同前，密度不变。副行密度为每667米^2 1 700～2 000株，副行插在大行距中间，株距25～30厘米。副行株高1米、10片叶时摘心，每株收3条瓜后拔除，以免影响中后期主行的通风透光性能，避免贪瓜而招致病害。

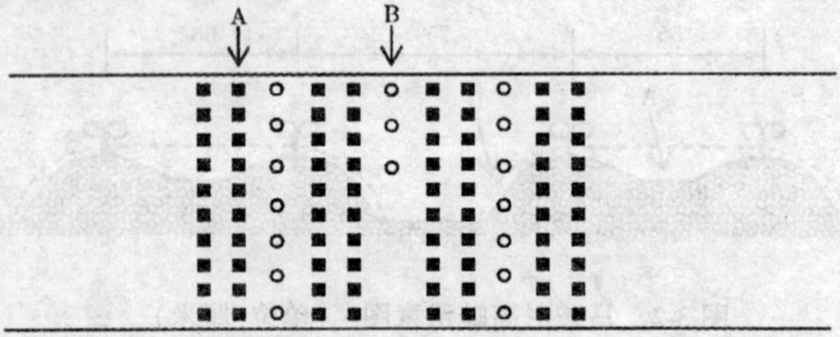

图3-3 黄瓜主副行栽植示意图

A. 主行 B. 副行

3. **定植方法** 先覆地膜的，栽植前先打孔，再摆苗，点水封沟；后覆地膜的，先开沟，摆苗，浇水，水渗后封沟，再覆地膜。栽植时应注意以下几点：一是为使温室内栽植的黄瓜长势均匀整齐，便于管理，应大小苗分栽。大苗栽植在温室的前底脚、两山墙和近门口处，中小苗栽植在温室的中部。若瓜苗充裕，可不用小苗栽植。二是起苗、运苗、摆放过程中，要避免散坨，防止伤根过重，影响缓苗。三是以浇暗水为宜，明水水量大，易降低地温，影响缓苗发棵。四是栽植宜浅不宜深，土坨应与畦面相平或稍高出畦面2～3厘米(图3-4)。五是定植后可架设小拱棚或覆盖无纺布，地膜浮面覆盖，以保温防寒。六是先盖地膜后栽苗的，栽植后应保持膜面清洁无土，以保证地膜覆盖的效果。七是卧栽徒长苗(图3-5)。因为对徒长苗采用常规直立栽植方式，会造成秧苗茎干塌地，叶片易染病菌，秧棵向上长势差。而卧栽徒长苗秧苗茎干直立，不定根多，叶片不会染病菌，秧棵向上长势强。

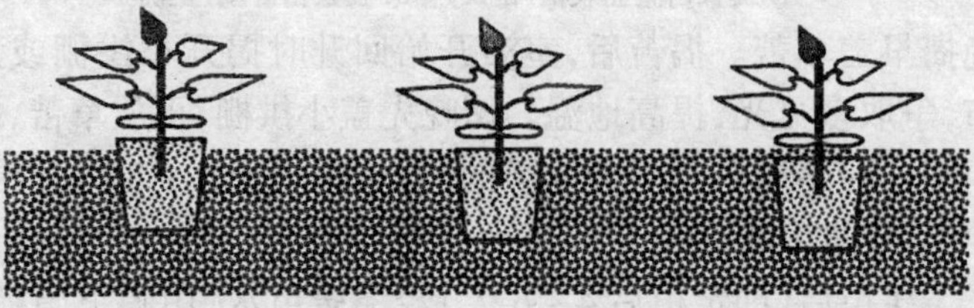

图3-4　壮苗露坨栽植示意图

A. 壮苗浅栽(正确)　B. 壮苗平栽(正确)　C. 壮苗深栽(错误)

(五)定植后的管理

1. 根瓜采收前后的管理　从定植至根瓜采收前，是黄瓜根系生长、茎叶生长、开花坐瓜的时期，生产上要通过肥水管理灵活掌握促控，调节茎叶生长和发根，保证坐瓜，防止徒长、花打顶、根瓜坠秧等问题，协调秧瓜生长平衡。

定植后，日光温室内的小气候刚好满足黄瓜生育的低限，为促进缓苗，应密闭保温，有条件的可架设小拱棚或覆盖无纺布。一般缓苗期间要求气温白天28℃～30℃，不可超过35℃；夜间22℃～20℃，不可低于16℃。定植后缓苗前适当

图 3-5　徒长苗卧栽示意图

A. 徒长苗直立栽植(错误)　B. 徒长苗卧栽(正确)

晚揭早盖草苫。揭苫后,室温开始回升时揭开小拱棚或无纺布,争取多见光,提高地温。傍晚先盖小拱棚,再放草苫,缓苗期间一般不通风。不盖地膜的,需中耕松土 1～3 次,以提高地温,促进发根缓苗。

缓苗后(即定植后 4～6 天)轻浇缓苗水,用膜下暗灌法,只浇小沟不浇大沟,避免地温明显降低。若缓苗后土壤墒情好,可不浇缓苗水,以利于地温迅速回升,发根发棵。但若盲目追求地温回升迅速,不浇缓苗水,初花期易干旱缺水,且难于管理。因为初花期浇水,无论水大水小,都会造成茎叶徒长,因此缓苗水应慎重对待。不盖地膜的,浇缓苗水后应中耕松土,以提高地温及保墒。还要适当降低气温,特别是夜温,以减少呼吸消耗,防止徒长,一般掌握气温白天 26℃～30℃、夜间 13℃～15℃,夜间不可低于 10℃。若中午气温超过 30℃,由顶部通风,无寒流可逐渐撤下小拱棚。缓苗后,若秧苗长势差且黄弱,可适当提高温度,并用磷酸二氢钾加叶面肥等喷洒叶面。不能随缓苗水施用速效氮肥,以防疯秧徒长。

缓苗后黄瓜开始抽生主蔓,为保证其直立生长,受光姿态良好，应及时插架绑蔓。如果插架绑蔓不及时，主蔓爬地生长后再引蔓上架，易受机械伤害，断蔓断叶柄较多。缓苗后若遇异常天气需要扣小拱棚防寒的，撤膜后要及时插架绑蔓。黄瓜架一般用塑料绳或尼龙网吊蔓，每株黄瓜用 1 根绳人工引蔓缠绕上架。也可用竹竿插成单排立架，不插人字架。人字架会使中后期架顶植株茎叶浓密，徒长、化瓜严重；单排立架的通风透光性明显好于人字架。绑蔓采取"S"形弯曲绑法，与直线绑蔓法相比，可以增加瓜蔓节位。也可以人为调节植株长势，抑强扶弱，使全温室植株龙头处于同一水平，便于管理。绑蔓时，及时掐去卷须、雄花、过密过多的雌花，以减少不必要的养分消耗。

根瓜坐住前管理应以促根控秧为主。根瓜坐住的特征是瓜长 10 厘米以上，瓜把发黑。根瓜坐住后，瓜条迅速膨大，应依墒情和植株长势决定是否浇坐瓜水(或称根瓜水)。若墒情好，瓜秧长势强，可推迟到根瓜采收前后浇水追肥；若土壤墒情差或中等，瓜秧长势中等或弱，应及时浇根瓜水，以促进根瓜迅速膨大生长，并结合浇根瓜水追施速效化肥，每 667 米^{2}可施硝酸铵 20～30 千克，或尿素 10 千克。根瓜水和肥宜小不宜大。

2. 结瓜期的管理

(1)初瓜期至盛瓜期的管理　结瓜期茎叶生长和果实生长同步进行，生产上要保持秧瓜生长平衡关系，协调日光温室的温、光、水、肥、气五大环境因素，保证叶片光合机能旺盛，加强病虫害综合防治，延长结瓜期，才能获得早熟丰产高效益。

①温度管理：从根瓜至顶瓜采收期间，室内外温度开始回升，天气变化频繁。管理重点是密切注意天气变化，适时调节温度，避免出现高温伤害和低温伤害，特别要注意防止高温

伤害。这段时间一般采用“四段变温管理”，即晴天上午气温28℃～30℃维持5～6小时，不可超过35℃；下午20℃～25℃；前半夜15℃～18℃维持4小时左右；后半夜10℃～13℃，不可低于5℃。这种温度既符合温度的日变化，又利于光合产物的合成、运输、转化和瓜条生长。目前，温度调节主要靠通风，通风口设在温室的前屋面顶部和腰部，随着外界气温的升高，通风口由小到大，通风时间由短到长，既可降温又可排湿防病。进入4月以后，要逐渐撤去草苫和其他覆盖物（纸被、棉被等），防止夜温过高。

3～4月，天气易变，遇阴雨天气，特别是连阴雨天气既要注意防寒保温，又要适当降低温度，以减少呼吸消耗，防止徒长，加强防病。一般掌握白天气温18℃～22℃，不高于23℃；夜间10℃左右，不低于5℃。草苫要晚揭早盖，争取中午尽量揭开见散射光。若天气阴沉、寒流过重，可以不揭苫。

②追肥管理：黄瓜植株结瓜多，结瓜期长，需肥量大，而根系吸肥能力弱，又不耐肥。因此，除施足基肥外，还要多次少量追肥，即少施勤施。追施速效肥料太多，黄瓜根系吸收不了，土壤溶液浓度过高，轻者诱发微量元素缺乏症，重者易烧根和发生土壤次生盐渍化。根据少施勤施原则，采取隔水追肥或水水带肥方法施肥。每667米^{2}每次追施硝酸铵15～20千克，或尿素10～15千克，或硫酸铵15～20千克，水水带肥的用量应减半。结瓜初期地温较低，土壤硝化细菌活动受影响，硝态氮易被吸收，宜施硝酸铵，其次是尿素，最好不施硫酸铵；结瓜盛期温度较高，可施用尿素或硫酸铵，以降低成本，盖膜期间禁用碳酸氢铵，防止氨气危害。结瓜期可追施磷钾肥1～2次，每667米^{2}可施磷酸二铵10～15千克或硫酸钾10～20千克。结瓜期若植株生长势弱、叶片发黄，可叶面施肥，用

0.2%～0.5%尿素加0.2%～0.3%磷酸二氢钾混合喷洒，还可酌情加入0.5%～1%葡萄糖(或白糖、红糖)、0.3%食醋以及成品叶面肥等，以促进植株健壮生长，提高抗病能力，促进果实生长，延长采收期。

③水分管理：黄瓜结瓜期植株生长量大，蒸腾作用旺盛，需水量大，而黄瓜根系喜湿，怕旱，不耐涝，宜小水勤浇，保证土壤湿度为田间持水量的80%～90%。大水漫灌，易造成沤根和室内高湿、死秧以及病害蔓延；缺水干旱，植株生长势锐减，化瓜严重或瓜条生长极缓慢。覆盖地膜后，地面水分蒸发量减少，初瓜期，每7～10天甚至15天浇1次水即可满足黄瓜生育的要求，4月以后进入盛瓜期，一般3～4天浇1次水，浇水时间宜在晴天上午，中午高温期不宜浇水，下午、傍晚或阴雨天不能浇水。浇水后中午要通风排湿。否则，会影响根系生理机能，造成室内高湿，易引起病害(如霜霉病、疫病等)的发生。

结瓜期特别是初瓜期，植株常发生临时空秧无瓜现象。应适当控水，待植株坐瓜后再转入正常水肥管理。若仍浇水追肥，因植株上无瓜，会造成茎叶疯长，导致上节位大量化瓜。

④光照调节：为了充分采光，改善日光温室的光热条件，应做到以下几点。

第一，要保证合理的采光角度，采用无滴长寿薄膜，安排合理的定植密度，使形成良好的群体结构。及时绑蔓，主副行栽植的，中后期要及时拔除副行，防止因贪瓜而影响群体的通风透光性能。

第二，水肥供应要合理，防止茎叶徒长造成田间郁闭，中后期要摘除底部老叶、病叶。

第三，及时揭盖草苫。结瓜期，即3～4月，天气转暖，日照加长，应尽量早揭晚盖草苫；谷雨前后撤苫，争取多见光，以利于延长光合作用时间，增加产量。如果遇阴雨天气，只要不太冷，白天尽量揭苫见散射光，不可连续几天不揭苫。连阴乍晴后，揭苫后受强光曝晒，室温迅速升高，空气相对湿度降低，叶片蒸腾加快，但地温低会使根系生理机能下降，吸水能力弱，不能满足叶片迅速蒸腾的需要，叶片就会暂时萎蔫，严重时不能恢复而死秧。这时，应采取“揭揭盖盖”的办法，即先揭底脚草苫→揭半盖一→揭一盖一→揭一盖半→全揭，整个过程配合回苫。注意观察秧苗和叶片，待其适应强光条件后，再转入正常揭盖管理。若叶片萎蔫严重，可向叶面喷洒清水，也可结合喷水，加入0.3%～0.5%葡萄糖，或0.1%～0.5%尿素和0.2%磷酸二氢钾等补充营养，以提高抗性；也可同时加入药剂配合防治病害。连阴天时，日光温室内往往因低温高湿而病害严重。因此，连阴乍晴后不得高温闷棚，否则会烧伤叶片、雌花和植株顶端等器官。

第四，在栽培畦北侧张挂镀铝镜面薄膜作反光幕。晴天中午在距反光幕前2米以内的水平地面，光强会增加50%以上，阴天增加10%～40%；晴天气温增加2℃以上，阴天增加1℃以上。结瓜中后期（进入4月）光照过强时，要撤去反光幕，以防日灼伤害。

⑤植株调整：绑蔓可使植株沿架材上爬，保持叶片良好的受光姿态。利用绑蔓也可调节植株长势。盛瓜期叶片过大，龙头肥大向上，化瓜较多时，表明长势过旺，应横着绑蔓，抑制植株长势；当瓜条过多，龙头变小，生长势弱时，要直立绑蔓。

当瓜秧爬满架，长到距膜面20～30厘米时摘心，以利于热气流动，从棚顶放出。摘心可消除顶端优势，促使回头瓜生长，若管理技术水平高，叶片病害很轻，植株长势强壮，可以适当摘除底部老叶，不摘心而落蔓，增加叶片数和结瓜节位，延长采收盛期，增加产量和产值。为了落蔓方便，通常在塑料绳吊蔓时预先留出余绳，落蔓宜在下午进行，上午落蔓，瓜蔓和叶柄脆嫩，易折断或受伤。

结瓜中后期，应摘除老叶、病叶，以减少养分消耗，改善群体下部的通风透光条件，防止病害发生。

结瓜初期和盛期，室内光照较弱，光合产物较少，为把养分集中分配给新生茎叶和雌花以及幼瓜，应及时摘除卷须、侧枝、雄花、多余的雌花和幼瓜，特别是发育不良的雌花和瓜条，以减少非生产消耗。这是日光温室黄瓜节约增值的技术措施之一。

⑥二氧化碳施肥：日光温室生产中，二氧化碳短缺是限制黄瓜产量的重要因素之一。目前，日光温室中二氧化碳的来源，一是靠增施有机肥，通过微生物分解有机质产生二氧化碳。二是通过通风补充。寒冷季节大气中二氧化碳含量为0.03%～0.04%，远不能满足黄瓜光合作用二氧化碳饱和点(0.1%～0.15%)的要求。三是二氧化碳施肥。二氧化碳施肥的方法很多，最简便的方法是用大碗或瓶装入工业硫酸，用水稀释2倍(注意只能将硫酸注入水中，不能把水倒入硫酸中，防止硫酸飞溅伤人皮肤)。每天早晨开苫后，放入250～350克碳酸氢铵，每30米^{2}放置1处，可使室内二氧化碳含量达到0.1%左右。人工施用二氧化碳在晴天上午光照充足时效率最高，施后温度可适当提高至33℃～35℃，以促进光合作用。

(2)结瓜后期管理　黄瓜满架摘心后，进入结瓜后期。管理的重点是加强防病保秧，防早衰，延长结瓜期，增产增值。

进入5月以后，外界温度逐渐升高。当外界气温达15℃以上时，前屋面顶部薄膜要昼夜揭开通风，降温排湿。白天保持28℃～32℃，不可超过35℃。若超过35℃，可揭开前屋面薄膜底角，打开后墙风口和两山墙风口，放对流风。夜温以15℃～20℃为宜，为降低室内温度，可在傍晚灌水。

黄瓜摘心后，植株上叶片数量不再增加。随着植株逐渐衰老，功能叶数量逐渐减少，寿命逐渐缩短。应加强通风，降温排湿，加强病虫害防治，尽量延长功能叶的寿命。进入顶瓜期以后，要减少浇水次数，促使养分回流，促使回头瓜坐瓜。回头瓜开始膨大时，再增加浇水，并追1次钾肥，适当追施氮肥。最后，植株衰老，营养不良，瓜条大量畸形，应及时拉秧清园，准备下一茬生产。

3. 病虫害防治 日光温室冬春茬黄瓜定植后，始终都要把病虫害防治，特别是病害防治作为重点工作来抓。否则，很容易暴发霜霉病或细菌性角斑病，招致毁秧绝产。

（1）*侵染病害* 常见的有霜霉病、细菌性角斑病、灰霉病、黑星病、枯萎病、炭疽病、白粉病、疫病、菌核病等20多种。应建立以预防为主，配合及时治疗的综合防治措施，以霜霉病和细菌性角斑病防治为中心，津研系列黄瓜品种应以细菌性角斑病防治为中心。

（2）*生理病害* 如低温寒害或冻害、高温强光伤害、肥害、药害、缺素症、化瓜、畸形瓜等。应及时分析原因，对症解决。

（3）*虫害* 主要有蚜虫、白粉虱、茶黄螨等。应及时防治。

4. 采收技术 在正常情况下，黄瓜雌花开花后3～4天，瓜的生长量比较小；开花后5～6天，瓜迅速膨大，每天瓜重成倍增加；到10天左右生长减慢，每天增重约30%。正常情况下，花后10天就可以采瓜，在冬季或早春气温较低，光照较弱,约需15天才能采瓜。如果遇阴天较多,室内温度低,光照弱,20天才能采瓜。

采瓜应掌握以下原则:一是摘瓜宜在早晨进行,以利于瓜条增重和鲜嫩喜人。二是初瓜期采瓜,特别是根瓜宜早摘,防止坠秧。一般单瓜重100克左右即可采摘。三是秧弱时宜摘早摘小,秧壮时宜摘大瓜。盛瓜期秧壮,在单瓜重约200克时采摘;结瓜后期,植株逐渐衰老,宜在单瓜重150克左右采摘。四是盛瓜期宜在浇水之前采瓜,便于田间操作,也防止浇水后因采收瓜条过大而影响商品性。五是秧上雌花或幼瓜多时宜摘早摘小,反之,宜摘大瓜。六是防止漏采坠秧。七是看市场行情采瓜,价值高时及时采收上市。

二、冬　茬

这茬黄瓜又称黄瓜冬季一大茬栽培。在8月中旬至9月中旬播种,9月中旬至10月中下旬定植,10月上中旬至11月下旬始收,直至翌年春末夏初采收结束,若管理得好,采收期可延长至7月。

冬茬黄瓜采收上市期在元旦、春节和早春,此时黄瓜市场价格高,经济效益显著。但是,近几年北方部分日光温室冬茬黄瓜表现高投入、低产出,严重影响菜农的收入和生产积极性。主要原因:一是结瓜前期处于一年当中日照最差、温度最低、天气易变的严冬和早春,致使前期产量很低。二是目前多数新建日光温室的结构性能不达标,其小气候条件在严冬季节仅能达到黄瓜生育要求的低限,使冬季和早春黄瓜的生产能力大幅度下降,特别是遇到天气不良的年份,室内秧苗难以维持正常生长和发育。三是冬茬黄瓜生产属技术高度密集型产业，部分地区，特别是新建日光温室的地区，常因缺乏配套栽培技术和病害综合防治经验而遭受损失，甚至绝产绝收。这茬黄瓜栽培成功的关键有以下5个方面。

（一）采用优型节能日光温室

采用优型节能日光温室是冬茬黄瓜栽培的基础。节能型日光温室的优型结构参数见保护设施有关内容。目前应在改善采光性能和保温性能方面下功夫，如采用无滴长寿保温三层复合膜，坚持每年入冬换新膜，经常清扫膜面灰尘以减少遮光，室内北侧张挂反光幕（从11月至翌年3月），严冬盖双苫或加盖纸被，室内多层薄膜覆盖等。部分地区严寒季节只盖单苫，很难满足黄瓜生育低限的要求，植株表现低温生长姿态：生长势弱，根系生理机能差，叶片表现矿质元素缺乏综合症，抗病力很弱，化瓜和畸形瓜普遍等。

（二）品种选择

主要选用耐低温弱光能力强的品种，如新泰密刺、山东密刺、津春3号、津优3号、中农13号、卡斯特、康德、拉迪特、春光2号等。

（三）培育壮苗

1. 适期播种 北纬36°～41°地区，播种适期为8月中旬至9月中下旬。播种过晚，株龄过小，春节前后不能形成批量商品，产量效益低；播种过早，株龄偏大，抗低温能力差，不利于越冬生产。适期播种可保证定植后严寒到来之前缓苗，发棵强健，严冬和早春季节生产能力强。

2. 嫁接技术 嫁接可明显促进冬茬黄瓜植株生长，提高产量20%左右。嫁接方法及嫁接苗成活前后的管理参考日光温室冬春茬黄瓜有关部分。这茬黄瓜育苗苗龄不必过长，一般长出3～4片真叶、苗高10～13厘米、苗龄30～40天即可定植。定植前，嫁接苗也要像自根苗一样进行低温锻炼。

(四)定　植

一般每667米^{2}栽培床施腐熟有机肥5～10米^3，其中2/3撒施，深翻耙平后做畦；其余1/3或配合腐熟细碎饼肥300～500千克，或配合磷酸二铵50千克和钾肥20千克，按栽植行沟施。

马鞍形高畦为南北向延长，畦高12～15厘米，底宽140厘米，畦面覆地膜。窄行距60厘米，窄行间沟宽10厘米，用于膜下浇水；宽行距80厘米，宽行间沟宽30厘米，用于行走和操作。

地膜可于定植前后覆盖，也可以推迟到根瓜采收前后覆盖，以便定植后中耕松土促发根系。冬茬黄瓜定植不宜过密，一般每667米^2 3 300～3 500株，株距27～29厘米。定植日期为9月中旬至10月中下旬。一般选在“阴尾晴头”天气栽苗，以利于栽苗后提温促缓苗。栽苗后浇足定植水。

(五)定植后的管理

前期以促根控秧为主。结瓜期要保瓜保秧，加强遇特殊天气时的管理和病虫害综合防治，防止早衰，延长采收期。

1. **缓苗期**　密闭保温促进缓苗，以促根控秧为主。气温白天25℃～32℃、夜间14℃以上，地温15℃～18℃。

2. **缓苗后至根瓜坐住**　缓苗后膜下暗沟浇1次缓苗水，然后控水促发根。栽苗后未盖地膜的，可顺小沟浇缓苗水，之后中耕松土1～2次，要求浅锄背、深锄沟。中耕可以切断地表毛细管，保墒提温促根下扎，培养发达的南瓜根系。一般掌握白天25℃～30℃、夜间10°～16℃，夜间不可低于8℃。秧苗在严冬结瓜期间对低温的适应性差，可在温室北部中柱处挂反光幕，以改善室内后部群体的光照状况。当植株长到5～

6片叶开始甩蔓时，及时挂线吊蔓，用聚丙烯包扎绳或尼龙网代替竹竿吊蔓，可减少架竿遮光。由于嫁接黄瓜的根系生命力强，使冬茬黄瓜生长期长，可不打顶任主蔓生长，一般可达50～70节，吊蔓用的聚丙烯包扎绳或尼龙网应留出足够长度，以便结瓜中后期落秧时续用。吊蔓时要注意调整龙头高度，使之在一个水平面上，维持均匀长势，便于统一管理。同时，要及时摘除雄花、老叶、病叶、侧枝、卷须、畸形瓜、病瓜等，以减少养分消耗。为保证合理的群体结构，严冬和早春可将功能叶的数量控制在13～15片，以保证群体中下层的光照。

3．结瓜期　根瓜坐住后进入结瓜期，结瓜初期正值严冬(11月中下旬至翌年2月上旬)，光照差，温度低，而且经常"晴三阴四"，有时甚至连阴7～10天，易受寒害和病害，生产风险较大。早春(2～3月)天气变化无常，经常出现连阴寡照、寒流等灾害性天气，易引起化瓜、病菌侵染，甚至被迫拉秧。春季和初夏，气候转暖，光照充足，植株进入生育中后期，应加强病虫害防治，合理进行温、光、水、肥管理，防早衰，延长采收期。

(1)四段变温管理　结瓜初期刚好进入严冬季节，光照不足，温度应掌握稍低些。晴天上午23℃～26℃，不可超过30℃；下午20℃～22℃；前半夜16℃～18℃，不可超过20℃；清晨揭苫时10℃～12℃，不可低于8℃。

春暖之后，光照状况越来越好，植株也进入盛瓜期，应适当提高温度。晴天上午25℃～32℃，不可超过35℃；下午20℃～30℃；前半夜16℃～18℃；后半夜10℃～12℃。若遇阴天或阴雨天气，应适当降低温度，并保持昼夜温差，白天18℃～22℃、夜间10℃左右(不可低于6℃)。连阴天过长，要注意保温防寒，必要时可临时加火炉。连阴乍晴天气，要逐渐揭苫见光，防止叶片萎蔫。

春末夏初以后，光照增强，要加强通风，防止高温危害。

(2)膜下暗灌，合理水肥供应　严冬和早春，植株生长缓慢，结瓜量小，需水量不大，一般7～10天浇1次水，甚至15天左右浇1次水。浇水采用膜下暗灌方式，可以有效地阻止畦面地表水分蒸发造成的高湿现象。浇水宜选晴天上午进行，忌下午和阴天浇水。春季进入盛瓜期，需水量明显增加，要逐渐缩短浇水时间。盛瓜期以后，要宽窄沟同时灌水才能保证水分需求。

嫁接换根的瓜秧追肥的原则仍为少施勤施，配合叶面施肥。一般结瓜初期开始追肥，低温期每15天左右追1次速效肥料，每次每667米^{2}施硝酸铵7.5～10千克或尿素10千克。低温季节，硝酸铵比尿素易吸收。春夏季节为盛瓜期，要水水带肥，一般每6～8天追1次速效肥料，每次每667米^{2}施尿素15千克左右，并可配合追施1～2次磷酸二铵，每667米^{2}施20千克左右。整个结瓜期还可叶面喷肥，参见日光温室冬春茬黄瓜有关部分。

(3)二氧化碳施肥　冬茬黄瓜因薄膜密闭覆盖期长，人工施用二氧化碳的效果更好。 般温室内上午二氧化碳含量为0.15%～0.2%时，可增产20%～30%，霜霉病的相对防治效果提高20%左右。施用二氧化碳的浓度不宜过高，若温室内二氧化碳含量长期高达1%以上，易产生二氧化碳伤害。人工施用二氧化碳的方法参考日光温室冬春茬黄瓜有关部分。

(4)通风排湿　坚持通风排湿是温室管理的重要工作。严冬和早春，管理应以保温防寒为主，坚持中午通风排湿。通风排湿还能补充室内二氧化碳、防止温度过高和排除室内有害气体。冬季常用温室顶部的放风排湿筒，其排湿效果好，还可防止室外冷风直接吹入室内。放风排湿筒是直径 30 厘米、高 40 ~ 50 厘米的薄膜筒,周围带孔,下部周缘粘在顶部膜面上,每间温室共设 1 ~ 2 个,用时支起,不用时放下关闭。春季逐渐加大通风口,在温室前屋面顶部和腰部扒缝通风。入夏以后要扒开风口,打开东西山墙和后墙通风口放对流风。春季还可夜通风,以有效地排除室内湿气。夜间通风一般在室外最低气温 12℃以上时,每天晚上 8 ~ 10 时开风口排湿气。以后随着外温升高,逐渐延长通风时间,当室外气温 15℃以上时,可整夜通风排湿,以控制病害的发生发展。

三、秋冬茬

日光温室秋冬茬黄瓜,一般 7 月中下旬至 8 月初播种,8 月中下旬定植,9 月中下旬始收,12 月下旬至翌年 1 月拉秧。日光温室秋冬茬黄瓜幼苗期处于高温长日照季节;初花期和结果前期光照充足,气候温暖;进入结果盛期以后,温度逐渐下降,光照逐渐变弱,不利于生长发育。在深秋初冬季节黄瓜市场价格高时,应努力改善日光温室的光热性能,提高盛瓜期的产量,以满足市场需求和提高产值。

(一)品种选择

这茬黄瓜幼苗期炎热多雨,日照长,结瓜期气温和光照逐渐下降,逐步进入低温寡照的冬季。因此,必须选用既耐热又耐寒、耐弱光、长势强、抗病力强的品种。日光温室冬春茬黄瓜比较重视前期产量,而秋冬茬黄瓜比较重视中后期产量。因为秋冬茬黄瓜的初瓜期正值大棚黄瓜采收后期,市场价格偏低。目前,我国尚无日光温室秋冬茬黄瓜的专用品种,常用的品种有新泰密刺、山东密刺、津优 5 号、中农 12 号、卡斯特、康德、拉迪特、春光 2 号等。

(二)育　苗

这茬黄瓜的播种期比冬春茬严格。播种过早,采收上市早而且中前期产量高,但市场价格偏低,而生长后期容易早衰低产,产值上不去;播种过晚,定植后温度偏低,影响发根和发棵,黄瓜生产性能差。如河北中南部地区的适宜播种期在 8 月中下旬至 9 月初。这茬黄瓜可直播也可育苗移栽。

1. 直播　先在温室内按行距开沟浇水,水渗入后按 25 厘米株距点 2 粒种子(种子先进行浸种催芽),搂平垄面,覆土 1.5～2 厘米。这种方法比较省工,但是播种量大,每 667 米^2 用种 250～300 克,而且由于秧苗分散,不便于集中管理和防雨保护,秧苗易徒长,根量相对较少,生产性能较差,易早衰。因此,生产上多采用育苗移栽方式。

2. 育苗移栽　育苗场地可在露地搭防雨棚,也可在日光温室内利用旧膜遮雨,若旧膜已撤,可在日光温室内搭小拱棚防雨。育苗畦宽 1～1.3 米,先整平畦面,撒入充分腐熟的粪肥,翻耙 10 厘米,使粪土混匀。耙平畦面后,浇水洇畦,水渗入后按 10 厘米见方划方格点种(种子浸种催芽方法见日光温室冬春茬黄瓜有关部分),上盖营养土 2 厘米。也可以先按方格点种(不催芽),每格 2 粒,覆土后踩实,再浇大水。出苗后要保持畦面见湿见干,保证苗床水分供应。浇水宜在早晨或傍晚,以降低苗床地温。棚温浇水量不要太大,以防徒长。秋冬茬黄瓜幼苗期正处于高温长日照季节,可喷洒乙烯利,以促进雌花分化并抑制幼苗徒长。在 2 叶 1 心和 4 叶 1 心时喷洒 100～200 毫克/升乙烯利。若幼苗长势弱,处理浓度宜低些。苗龄一般为 20～25 天,3 叶 1 心时即可定植。

(三)定　植

定植前在温室内整地施肥,每 667 $米^2$ 施有机肥 5 000 千克左右。深翻耙平,做成平畦,宽 1～1.3 米。也可做成小高畦,小行距 50 厘米,大行距 80 厘米。在定植行下开沟,每 667 $米^2$ 施入磷酸二铵 50 千克。

播种后 20 天、幼苗 3 片真叶即可定植,大约是 8 月中下旬。幼苗过大,定植时易伤根,对缓苗和发棵不利。栽苗密度每 667 $米^2$ 3 000～3 500 株,株距 25～29 厘米。栽后及时浇大水,以利于缓苗。

(四)定植后的管理

1. **管理原则**　前期养秧发棵,中后期保秧保瓜,以中后期产量为中心。

定植后及时盖薄膜,并揭开温室底脚和各通风口,昼夜全量通风,防止室内出现高温。10 月中旬,外界气温急剧下降,当外界最低气温降至 12℃以下时,夜间关闭风口保温;白天通风,保持室内温度 25℃～30℃。10 月底上草苫覆盖,保温防寒。上草苫后,开始早揭晚盖,严冬季节应晚揭早盖。在严冬特别是灾害性天气,若室内温度难以维持,应增盖双苫或纸被、棉被等,加强防寒保温。前期应尽量通风降温,防止温度偏高,否则结瓜中后期抗逆性降低。

浇定植水后 5～7 天,要浇 1 次缓苗水,之后中耕松土蹲苗。直播的,从幼苗期要一直保证水分供应,保持畦面见湿见干,多中耕松土保墒促发根。9 月上中旬间去双棵,淘汰病弱小苗,每 667 $米^2$ 留苗 3 000～3 500 株。根瓜坐住后,开始浇根瓜水,并追肥促进瓜条迅速膨大,每次每 667 $米^2$ 追施硫酸铵 15～20 千克或尿素 10～15 千克。浇水后要加强通风,排湿防病。

进入结瓜期后，根据外界温度和光照状况以及秧瓜长势进行水肥管理。前期由于温度高、光照好、晴天多、通风量大，可以适当勤浇水，每次水量可稍大些；中后期由于温度低、光照弱、阴天多、通风量小，可以适当延长浇水间隔天数，每次浇水量也应适当减少。结瓜期一般追肥 3～4 次，每次每 667 米^2 追施硫酸铵，或尿素，或硝酸铵 15～20 千克；还可结合防病喷药喷洒 0.3%尿素加 0.2%磷酸二氢钾，或喷洒成品叶面肥等进行叶面追肥，补充营养。结果后期停止追肥，少浇水。

2. **植株调整** 可参照冬春茬黄瓜进行处理，以保证群体通风透光。多在 12 月中旬摘心，一般不落蔓。

3. **病虫害防治** 在 8 月中旬定植盖膜后，温室内高湿有利于许多病害发生发展，也应采取以霜霉病防治为中心的综合防治措施。严冬季节，特别是重寒流天气、连阴雪天气等，应防止发生低温危害。

4. **采收技术** 秋冬茬黄瓜根瓜要早摘，防止坠秧。结瓜期间要依天气情况、瓜秧生长势、坐瓜多少、瓜条大小等综合考虑采摘。前期温度高，光照好，瓜条生长快，采收较频繁；瓜秧壮、坐瓜多，宜早摘勤摘；瓜秧上空秧无瓜，宜适当晚摘，防止疯秧；严冬季节，市场行情好，价格高，应及时摘掉畸形瓜，选留正形瓜上市。

思考题

1. 为了培育适龄壮苗，应该抓住哪些关键环节？
2. 温室冬春茬黄瓜适宜定植期怎样确定？
3. 黄瓜发棵期管理的关键点是什么？
4. 如何将黄瓜栽培管理技术与经济效益挂钩？

第四章 塑料大棚黄瓜栽培技术

一、春早熟栽培

塑料大棚黄瓜早熟栽培成功的关键:一是要尽量争取早熟。因为这茬黄瓜结瓜期正处于光照充足、气候温暖的春季至中夏,很容易获得高产。只有早上市、早期产量高,才能获得高效益,后期产品价格低、效益差。二是在抢早的基础上,要加强灾害性天气的防御。因为早春育苗期和定植前后天气易变,除了培育壮苗、加强抗寒锻炼、提高植株抗寒力外,还要加强保温防寒防冻以及防风害和高温伤害的措施。三是要加强病虫害的综合防治。特别是连阴雨天气,要防止霜霉病暴发而毁棚。这茬黄瓜栽培技术与日光温室冬春茬黄瓜有许多相似之处,这里仅介绍其栽培技术要点。

(一)品种选择

选用早熟品种。主要选用新泰密刺、山东密刺等品种,还可选用津春5号、津春3号、津优1号、津优10号、中农7号、中农12号等一代杂种。

(二)采用早熟技术措施争取早熟

1. 适期播种培育适龄壮苗 大棚黄瓜适龄壮苗的形态标准是:株高15~20厘米,茎粗节短,4~6叶1心,叶色深绿或绿色,根系发达洁白,大部分幼苗于4~5节显带雌花蕾,植株完整无病虫危害。适龄壮苗的日历苗龄依育苗设施、品种的不同而异,加温温室或日光温室配合简单加温或配合小拱棚等设施育苗，需日历苗龄 50～55 天；若温室内配合电热温床、火炕温床或酿热温床，幼苗生育加快，需 35～45 天，若进行无土育苗，仅需 30～35 天。

苗龄过短，定植后发根时间长，生长势强，总产量略高，但上市期偏晚，前期效益低；苗龄过长(65 天以上)，带大花蕾定植，发根时间短，根系发育不好，虽然结瓜早，上市早，但生长势弱，易早衰，难获高产。

适宜的播种期应根据定植期向前推加苗龄而确定。北方大棚春黄瓜定植期一般在 3 月中下旬至 4 月初，播种适期一般在 1 月下旬至 2 月上中旬。

2. 低温锻炼增强植株抗寒能力 低温锻炼有 3 种方式：种子冰冻处理和变温催芽、幼芽低温锻炼以及定植前低温锻炼。

(1)种子冰冻处理和变温催芽 将浸种后已萌动而未发芽的种子先在 0℃～2℃下预冷，再在 -1℃～-2℃下(多在冰箱中)低温冰冻处理 24～48 小时，取出后缓慢消冻。再进行变温催芽，方法是先在 28℃～30℃的地方催芽 20 小时，再在 18℃～20℃的地方催芽 24～36 小时，种子就可出齐芽。经冰冻处理和变温催芽的种子，胚芽的原生质黏性增强，糖分增高，对低温适应性增强，出苗前后对低温、阴雨等不良环境的耐力提高，第 雌花节位明显降低，可达到早熟的效果。但对黄瓜幼苗地上部的生长速度有减弱作用。已发芽的种子不得进行冰冻处理，否则幼芽易受冻害。

(2)幼芽低温锻炼 把催好芽的种子用湿毛巾包好，在 2℃～4℃的地方放 1～2 天，能增强抗寒力。处理温度不能过高或过低，并防止发生芽干、闷气等问题。严禁用塑料薄膜包裹发芽的种子。

(3)定植前低温炼苗　定植前7天左右进行低温炼苗，可增强幼苗抗逆能力，以适应定植后大棚内的温度剧烈变化。定植前7天左右，温室苗床早揭晚盖，增加通风量，温度白天20℃～22℃，夜间降到9℃，并在定植前3天短时间5℃处理。注意低温炼苗时间不能过长，炼苗温度不能过低（如3℃以下），否则易形成老化苗、花打顶苗，或受寒害甚至冻害。

3. 采用营养方催芽直播配合加强苗床管理培育优质壮苗　大棚黄瓜育苗多采用芽苗移栽方式，即先在播种床点籽，2叶1心时移苗至营养方。这种方式育苗出苗快而整齐，但是移苗时常因阴天或管理不当造成地温不足，影响新根发生，还易因猝倒病、寒根、沤根等造成死苗。而营养方催芽直播容易育成优质壮苗，因为早春（2月上中旬）温室内地温可以满足黄瓜出苗的温度要求。与移苗方式相比，主根不受伤害，根系发达，生长势强，抗逆能力强，还省工，不需播种床设备和复杂的移苗操作管理。

(1)温度管理　播种前2～3天温室内生火提温，直至出苗。使温度白天保持28℃～30℃、夜间20℃～22℃，夜间不可低于15℃；地温保持22℃～25℃，不可低于18℃。这样出苗快而整齐，2～3天就能出齐苗。出苗阶段昼夜不通风，遇阴雨风雪等寒冷天气可不揭苫，以保温为主。出苗后要揭苫见光，适当通小风，适当降低温度。保持白天20℃～25℃、夜间14℃～16℃，地温20℃以上，促进根系发育，防止高夜温造成下胚轴徒长，形成高脚苗。第一片真叶展开至定植前7～10天，按四段变温管理。掌握晴天8～13时20℃～25℃，不可超过30℃；13～18时18℃～25℃；18～24时15℃～18℃，不可高于20℃；0～8时12℃～15℃，不可低于8℃。配合上述温度进行炉火管理，一般天亮前2小时左右捅火，上午温度达

25℃时盖火，夜间适当加火。如遇寒流，可以适当加火，以保持适温。如遇阴天光照较弱，不可盲目加火升温，应适当降低温度2℃～3℃，并保持一定的昼夜温差。炉火管理中，要注意防止烟熏和煤气中毒。随着温度升高，一般 3 月上旬逐渐停火，草苫也要逐渐早揭晚盖，争取多采光。阴雨风雪天气，只要不过冷，不过于阴暗，都要争取中午短时间开苫见散射光。连阴放晴后，要加强草苫的揭盖管理，防止幼苗萎蔫，同时用糖氮液补充营养（1%糖加 0.5%尿素）。苗期要坚持中午通风，以排除湿气、有害气体，补充二氧化碳。天气过冷或风大可不通风。

（2）水分管理　原则是保证水分供应，不可缺水，不能用控水的办法控制幼苗的生长速度。一般播种前或移苗时苗床浇 1 次透水，以满足整个苗期的需水量，育苗期间一般不再浇水。但是，如果床土沙性大，保水能力差，或因底水不足，苗床缺水，应及时补水。补水的方法参见日光温室冬春茬黄瓜有关部分。补水要适当，不要过于频繁。否则，苗床湿度过大，影响发根，遇连阴天、低温，还易发生猝倒病、沤根、霜霉病、细苗性角斑病、灰霉病、叶片生理性干边等病害。天气晴好时，幼苗易徒长，影响雌花分化及其生长发育，定植后易出现临时空秧无瓜现象，影响前期产量产值，还会因临时空秧无瓜造成疯秧，导致上节位大量化瓜。

4. 酌情使用激素促进雌花分化　黄瓜早春育苗，正常情况下能够满足雌花分化所需要的环境条件（夜低温和短日照），一般不必用乙烯利或增瓜灵来促进雌花分化。否则，雌花过多，易大量化瓜。但是，如果幼苗期温度偏高、连阴天过长、寡照、苗床水肥过多（特别是氮肥过多）、秧苗徒长或盲目昼夜用灯光人为加长日照时数，可在 2～4 片真叶期喷 1～2

次 150～250 毫克/升乙烯利，可以有效地促进雌花分化，防止将来定植后无瓜或间断性无瓜空秧，确保早熟丰产。

5. 采取防寒保温措施抵御寒流 要保证定植后幼苗根系能够生长，地上部不受寒害或冻害，一般要求大棚内 10 厘米地温稳定在 10℃以上，棚内白天气温高于 20℃的持续时间不可少于 6 小时，后半夜 5℃～10℃的持续时间不可超过 3 小时，最低气温在 3℃以上。在这种条件下，定植后可正常缓苗成活。若夜间 5℃～10℃的低温持续过长，达到 8 小时，则缓苗期延长，叶片发黄，尔后干枯，但心叶和生长点还可生长；若夜间出现－1℃～－2℃的低温并持续几个小时，幼苗则受冻害枯死。外界最低气温不低于－3℃、大棚内夜间 11～12 时维持在 8℃左右时，幼苗一般不会受冻害。当突然出现寒流，外界温度降到－5℃～－8℃时，大棚内就会出现霜冻。

单层大棚的安全定植期在 3 月底至 4 月初，为了抢早，可提前到 3 月 20～25 日。北方 3 月下旬寒流频繁，棚内常出现寒害或冻害，尤其是缓苗期的幼苗冻害更为严重。所以，若提早栽植，除了培育壮苗、苗期加强抗寒锻炼外，必须辅以防寒措施。比较简单的防寒措施是：大棚内四周挂薄膜围裙，外围草苫，可提高棚温 1℃～3℃，当外温降低至－2℃时，棚内秧苗也可免受冻害；大棚内加小拱棚或保温幕（只适用于无柱钢架大棚）进行双层覆盖，棚温可提高 3℃～5℃，当外温降至－3℃～－5℃时，秧苗仍可不受影响；若是 3 层覆盖，即大棚内加设小拱棚和天幕，气温可提高 5℃～7℃，防寒效果更好，定植期可提早到 3 月上中旬；若为多柱式竹木结构大棚，无法架设天幕的，可用无纺布在棚内秧苗上进行浮面覆盖，夜间可增温 2℃～3℃。若遇重寒流，可在棚内生火加温或熏烟驱寒。

春大棚黄瓜提早定植具有一定的风险性。主要由于3月天气易变不稳定,要多注意天气预报。欲提早栽植,一定要准备防寒设施,早栽的最好留有余苗补栽。

6. **千方百计提高地温** 为了提高棚内地温,定植前20～30天应盖棚膜暖地化冻蓄热,4月上旬10厘米地温比盖膜后栽苗的提高4.1℃,4月中旬提高1.3℃。但要注意防风灾,拉紧压膜线,少开门,防止冷风吹入。

冬前深耕晒垡,采取高畦或高畦地膜覆盖栽培,都有利于蓄热,增加地温。高畦或高垄可比平畦地温高1℃～2℃,高畦地膜覆盖可比平畦10厘米地温高1.5℃～4.7℃。但是,早春盖地膜后,近地表气温略低,应予以重视。

(三)定　植

定植前施入充分腐熟细碎的有机肥,每667米^{2}施入5米^3。其中2/3撒施,余下的1/3配合饼肥200～500千克和过磷酸钙50～100千克沟施。也可用磷酸二铵25～50千克加硫酸钾20千克替代饼肥和过磷酸钙。一般每667米^{2}定植3500～4000株。依棚架间隔距离做成100～110厘米宽的小高畦,双行栽植,也可单行栽植或主副行栽植。主行按每667米^2 4000株的密度栽植,株距17～20厘米,副行株距35～40厘米。副行黄瓜10～12片真叶时摘心,收3～4条瓜后拔秧。

(四)定植后的管理

大棚黄瓜定植后,缓苗期和初花期正处于3月中下旬至4月上旬,天气易变,应做好防寒工作,促缓苗发棵。结瓜期正处于春季和初夏季节,日照充足,气候温暖,要抓紧各项管理工作,特别是防病保秧保瓜,防化瓜防早衰,争取早熟丰产高效益。

1. **温湿度管理** 缓苗期密闭大棚,定植早的还要采取防寒措施，特别要注意天气变化，防止寒流造成霜冻。缓苗期间刚好是3月下旬至4月初，还要注意防止晴天高温伤害，大棚内中午温度达35℃以上时，要及时通风。

缓苗后至根瓜采收前，外界气温仍然较低，棚内温度管理仍以保温为主，夜间仍要采取防寒措施防寒防霜冻。一般掌握棚温白天25℃~30℃，不可超过35℃；夜间10℃~15℃，不可低于5℃。为了争取棚内多累积热量，上午棚温达28℃时开风口通风，下午降到28℃时及时关闭风口，使棚内保持30℃左右的温度时间较长，对提高夜温、防寒有好处。

结瓜期间进行四段变温管理。即晴天上午棚温28℃~32℃，不可超过35℃；下午20℃~25℃；前半夜15℃~17℃；后半夜12℃~15℃。地温白天保持20℃~25℃，夜间不可低于18℃。阴天适当降低温度，并要保持一定的昼夜温差，白天掌握棚温20℃~22℃；夜温10℃~15℃，不可高于18℃，不可低于5℃。结瓜中后期，还要注意防止高温危害。大棚温度主要靠大棚两侧腰部的风口开闭时间和风口的大小调节。

结瓜期，结合四段变温管理通风排湿，进行生态防病，主要方法是中午通风排湿、浇水后通风排湿和夜间通风排湿。具体措施见日光温室冬春茬黄瓜和冬茬黄瓜的有关内容。

2. 水肥管理 定植时在沟中浇暗水栽苗，以免降低地温。如果栽植较晚，棚内温度较高，也可放明水栽苗，以满足根系需水量，促进发根，同时提高棚内空气相对湿度，增加闭棚缓苗期间秧苗的耐高温能力。定植后5~7天浇缓苗水，以保证发棵至根瓜坐住前植株对水分的需求。发棵至根瓜坐住前这段时间缺水，叶片中午萎蔫逐渐加重，影响发棵。但浇水(不管水量大小)易造成营养生长过旺，影响发根和根瓜发育，化瓜严重。浇缓苗水后，要控水促根控秧，不覆地膜的还要加强中耕松土提温保墒。根瓜坐住后即进入结瓜期,应保持土壤湿润,保证水分供应和养分供应,掌握小水勤浇、水肥勤施的原则进行水肥管理,并结合浇根瓜水追肥。浇缓苗水时,严禁追施速效氮肥,以防秧苗徒长而大量化瓜。结瓜前期,每次每 667 米^2 追施硝酸铵 15~20 千克,或尿素 7.5~10 千克,或磷酸二铵 10~15 千克;结瓜中期,施入钾肥,每次每 667 米^2 施硫酸钾 10~20 千克;结瓜后期,大棚要大量通风,每次每 667 米^2 施碳酸氢铵 20 千克左右。以上为"一清一浊"(即 1 次清水,1 次带肥水)的追肥用量,如果按"水水带肥"进行管理,以上追肥用量应减半。结瓜期间还可叶面追肥,如糖氮液(1%糖加 0.2%~0.5%尿素加 0.2%~0.3%磷酸二氢钾加 0.3%食醋)、成品叶面肥等,可促进生育、促进早熟丰产。

浇水忌中午、下午、傍晚和阴雨天,宜在晴天早晨或上午进行。浇水后中午要通风排湿,下午喷药或傍晚熏棚防治病害。结瓜期如果发现大部分植株有临时空秧无瓜,应控水防徒长,等坐瓜后再转入正常的浇水管理。否则,空秧情况下仍然浇水,易造成疯秧,导致上节位严重化瓜。浇水宜在采瓜前进行,使水多攻瓜少攻秧,既有利于增加瓜条重量和提高瓜条鲜嫩程度,又可避免空秧浇水导致疯秧。如果植株生长势偏弱或瓜过多,宜在摘瓜后浇水,使水多攻秧,使秧瓜关系协调。

出现花打顶现象的,定植后不蹲苗,宜水肥齐攻,促棵促瓜,才能保证秧瓜关系协调,获得早熟丰产。否则,控水蹲苗,会出现不发棵、化瓜多等问题。

3. 采取以霜霉病防治为中心的病虫害综合防治措施　选用抗病优良品种;进行种子消毒、床土消毒、温室(育苗用)和大棚骨架空间消毒;培育壮苗;增施有机肥;采取高畦地膜覆盖栽培;加强温光水肥管理;掌握通风排湿及生态防治技术;定期用药,特别是连阴雨天气用烟剂熏棚;加强预防工作,病害初发期及时用药物防治,酌情应用高温闷棚技术。发现害虫及时用药防治,使病虫危害程度控制在最低水平。

4. **植株调整与科学采瓜** 缓苗后及时插架、绑蔓,摘除老叶、病叶、侧枝、卷须、雄花、过多的或畸形的雌花或瓜条。满架后及时摘心,促结回头瓜。及时采收,根瓜要早收,防止坠秧。

二、秋延后栽培

这茬黄瓜一般7月上中旬播种,10月下旬拉秧,生长期100~110天。前期处在高温雨季,中期气候温暖、光照充足,由于受大棚性能的限制,随着温度的下降和光照减弱,不久便被迫拉秧,使盛瓜期缩短。另外,这茬黄瓜的病虫害很严重,雨季易发生霜霉病、疫病、枯萎病,高温干旱年份病毒病也很严重,管理难度很大。而且,这茬黄瓜前期产量与露地秋黄瓜中后期产量重叠,其价格、收入也常受影响。

大棚秋延后黄瓜栽培成功的关键是:高温多雨或高温干旱季节降温防雨涝或防干旱;后期加强防寒保温,尽量延长采收期;及时防治病虫害。另外,前期降温难度较大,也不经济;后期日照时数短,光照弱且难以补充。所以,应注重品种选择和精细的栽培管理。

(一)品种选择

选用苗期耐热、中后期在较低温下结实力强、抗病力强、耐短期贮存的品种。可选用津春5号、津优1号、津优10号、中农12号等杂交种,也可选用新泰密刺、山东密刺。

（二）培育壮苗

1. 适期播种 大棚秋延后黄瓜的适宜播种期主要根据当地自然气候条件和大棚内霜冻期再加100天推算，如冀中南地区大棚霜冻期在10月下旬，应在7月上中旬播种。另外，这茬黄瓜的盛瓜期应赶在露地秋黄瓜的尾、温室秋延后黄瓜的头，以提高效益。

2. 播种前的准备 播种前10多天深翻土壤20～27厘米，并晒垡。如果前茬蔬菜基肥每667米^{2}超过7000千克，这茬可以不再施有机肥。如果地力弱，可每667米^{2}施入有机肥3000～4000千克，并翻耕，使土肥混匀。还要避免与瓜类重茬，以防病虫害严重发生。

3. 播种方式 这茬黄瓜苗期正处雨季，易生病害，特别是结瓜前期雨水多，影响根系发育和秧瓜生长。宜带棚直播，四周薄膜揭开形成天棚防雨，是防病（如疫病等）的关键措施。大棚四周用网纱封闭，可避免虫害。做小高畦或跑水平畦，以便幼苗期间浇小水降低地温。为防雨水灌入，四周挖排水沟，确保排灌方便。

采取直播方式的，植株抗性强，生长势好。如果缺苗补栽，会使大小苗不齐，补栽苗的生长势弱，抗性也弱，容易发病。所以，直播应确保一次全苗。具体措施是：首先浸种催芽。播种时开沟深度5～7厘米，浇底水，点籽。株距20厘米时每穴点3粒，株距7～10厘米时每穴1粒。播种量每667米^2 250克。播种后，傍晚要撒毒饵，以防地下害虫咬食种子。如果未能及时腾地，也可采取育苗移栽方式，方法参见日光温室秋冬茬黄瓜有关部分。苗龄以2～3片真叶、25～30天为宜。育苗播种量为每667米^2 150克。

(三)合理密植与防病保苗

幼苗第一片真叶开展后,应及时分期间苗、补苗,选留健壮、整齐、无病的秧苗。3片真叶期,按每667米^2 4 500～5 500株的密度定苗。用200毫克/升乙烯利喷雾,可促进雌花形成。配合叶面喷施营养(如糖氮液),以及杀虫、杀菌剂等,以壮秧防病虫保苗。苗期要多次浅中耕松土保墒促扎根;雨后及时喷药防病保苗;遇高温干旱,应适量浇小水降温,水后加强中耕松土。若发现幼苗徒长,可喷洒矮壮素或缩节胺。

(四)定植后的管理

1. **结瓜期加强管理** 根瓜坐住后开始追肥浇水促结瓜,后期加强保温,防病保秧保瓜,延长采收期。具体方法是:前期降温,外界最低气温15℃以上时,昼夜大量通风;当外界最低气温降到15℃时,白天大量通风,夜间缩小通风口;当外界最低气温降到15℃以下时,夜间关闭风口,白天超过30℃时通风;以后,外界气温进一步下降,午前气温超过25℃时,通风排湿,午后气温降至20℃时,就要关闭风口,使棚内最低气温不低于12℃;10月上旬前后,外界气温下降较快,要逐渐缩短通风时间,加强保温蓄热;至10月下旬,完全密闭棚膜,加强保温防寒,夜间棚外四周围加草苫,尽量延长采收期。如果夜间棚内温度适合黄瓜生长,采收期可延长到11月中旬。

初花期控水,中耕松土,促发根促坐瓜。根瓜坐住后浇催瓜水,之后每5～7天浇1次水。10月上旬每7～10天浇1次水。后期因要密闭保温,一般不再浇水。结瓜期结合浇水追施速效肥料,每667米^{2}用碳酸氢铵15～20千克或尿素10千克;盛瓜期可追施磷酸二铵15～20千克加硫酸钾20千克。

结瓜期及时插架绑蔓、整枝、打杈、摘心。采收应及时,防止大瓜坠秧。

2. **加强病虫害防治**　9月下旬盖膜后，棚内湿度会突然上升，应注意预防霜霉病和白粉病。带棚直播的更要坚持通风排湿，防止诱发白粉病、霜霉病。夏秋季节虫源较多，应加紧对蚜虫、斑潜蝇、白粉虱、红蜘蛛等害虫的除治工作。

思考题

1. 大棚黄瓜春早熟栽培的技术要点有哪些？
2. 大棚黄瓜秋延后栽培的技术要点有哪些？

第五章　棚室黄瓜主要病虫害无公害防治技术

一、病害的识别与无公害防治

黄瓜栽培中常见的病害有苗期猝倒病、苗期立枯病、霜霉病、细菌性角斑病、枯萎病、炭疽病、灰霉病、白粉病、疫病、黑星病、菌核病、根结线虫病等20多种。现仅就几种主要病害的识别与防治方法进行介绍。

(一)苗期猝倒病

1. **发病症状**　幼苗刚出土或移苗后倒伏地面,而子叶和幼嫩真叶不凋萎,以后子叶和真叶青枯,幼苗死亡。发病后,易向四周蔓延扩展。严重时,幼苗成片猝倒死亡。有时,幼苗出土前子叶和胚轴已腐烂。

2. **诊断要点**　病苗近地面茎部呈水烫状,发黄变软,缢缩呈线状。湿度大时,发病部位或病株附近长出白棉絮状菌丝。

3. **发病原因**　病菌为腐霉菌,属真菌。在土壤有机质中营腐生生活,可存活多年。靠土壤中水分的流动、农具及带菌的有机肥等传播蔓延。植株幼嫩、胚轴组织尚未木质化时,遇连阴天、弱光、地温低(10℃~16℃)和床土高湿时,易受腐霉菌侵染。主要发生在子叶期至2片真叶期。

4. **防治方法**

(1)播种前床土消毒　每立方米营养土用福尔马林250~

300克对水100倍，一面喷洒药液一面翻倒营养土，然后用塑料薄膜盖严密闭5～7天灭菌。尔后揭膜翻倒床土，使甲醛充分挥发，2周后才能使用。如果外界气温较低，晾土时间需延长，否则会产生药害。

每平方米苗床用五代合剂或五福合剂8克，先用1千克细土拌匀，再加入14千克细土拌匀，成为药土。播种前2/3药土均匀撒在床面上，然后点籽，余下的1/3药土盖籽。每平方米苗床也可使用70%多菌灵5克、70%甲基托布津5克制成药土，下铺上盖进行床土消毒。

利用电热温床、土炕或酿热温床，使土温增至50℃～55℃，盖膜密闭7～10天，可杀死土壤中的病菌，还可杀死杂草种子。采用高温消毒方法不会造成农药对土壤的污染。

(2)加强苗床管理　播种前或分苗时一次浇足底水，出苗后或分苗后尽量不再浇水，防止床土低温高湿。必须浇水时，应选晴天上午浇苗床、中午通风排湿。苗床浇水后，如果遇连阴天，应及时灌药防病。

(3)发现病秧及时喷药灌药防治　防止病害蔓延常选用25%瑞毒霉1 000倍液，或50%多菌灵500倍液，或75%百菌清1 000倍液，或恶霉灵1 000倍液等喷灌茎基部，一般使用1～2次，间隔4～6天。

(二)苗期立枯病

1. 发病症状　苗床内，开始时个别幼苗白天萎蔫，夜间恢复，经几天反复后，病株萎蔫枯死，但不折倒。

2. 诊断要点　病株茎基部产生暗褐色椭圆形病斑，病斑逐渐凹陷并扩大绕茎1周。病斑有轮纹和淡褐色蛛丝状霉。病株直立枯死不折倒(不同于猝倒病)。病程进展缓慢，而猝倒病发展迅速。本病多在育苗后期、床温较高时发生。

3. **发病原因** 病菌为立枯丝核菌，属真菌。腐生性较强，在土壤中可存活2~3年。病菌主要以菌核越冬，通过水流、农具或带菌的有机肥传播。幼苗徒长发黄时，若苗床温度较高、湿度较大，易受侵害。

4. **防治方法** 同猝倒病。

(三)霜 霉 病

霜霉病(彩3)俗称"跑马干"。主要危害黄瓜叶片，幼苗期和成株期均可发病。此病易暴发、复发，难以根治，可控制。黄瓜霜霉病可使黄瓜减产10%~20%，有的减产50%以上，甚至绝收。因此，黄瓜霜霉病应作为病害防治的中心(特别是棚室栽培)。

1. **发病症状** 发病初期，清晨叶背面有针刺水渍状斑点，1~2天内迅速扩展成多角形病斑(受叶脉限制)，病斑水渍状，有灰黑色霉层。叶正面有不规则的黄色斑点。病情继续发展，多角形病斑连片，叶片变黄直至干枯。子叶期病斑不规则，呈褪绿黄化状，逐渐干枯。潮湿时叶背面水渍状，逐渐长出灰黑色霉层。

2. **诊断要点** 注意黄瓜霜霉病与细菌性角斑病及生理充水的症状区别。初期这3种病症不易区分，叶背面呈现针刺水渍状或多角形水渍状病斑。生理充水症状在太阳出来后水渍斑消失；细菌性角斑病的病斑随着侵染，潮湿时有黄色菌脓，并且病斑部位逐渐变薄呈窗户纸状，易穿孔(对着阳光看更明显)；霜霉病斑在潮湿时有灰黑色霉层，病斑部位易干枯，稍有加厚之感。

3. **发病原因与发病特点** 病菌为真菌，在病叶上越冬或越夏，依靠风、水滴和黄守瓜等害虫传播。从棚室到露地，再到棚室，周年侵染黄瓜。霜霉病菌的侵染需要适宜的温度

(15℃～24℃)、高湿(空气相对湿度接近饱和、叶片上有水滴或水膜3小时以上)的环境条件。因此,在雨季或阴雨天气、棚室通风不好或窝风、种植过密、秧苗徒长浓密等情况下易发生霜霉病。病菌主要侵染植株中上部位,幼叶和老叶不受侵害,在一株上,病叶从下向上发展。

4. 防治方法　霜霉病的防治不能单靠药剂,应采取生态防治配合药剂防治的综合措施。过多用药,成本太高,且药害严重,虽然病情被控制,但叶片枯死或老化,光合能力下降,产量剧减。过分依赖药剂,也会使病菌产生抗药性而难以控制,以后用药效果明显降低。如果药剂残留严重,经食用则有损消费者健康。

(1)选用适宜品种　密刺系统品种不抗霜霉病,但早熟性好,适于栽培技术水平及防病水平高的地区或菜农选用。新菜农或经验不足的菜农宜选用杂交种,如津春3号、津春5号、津优1号、津优2号、中农7号、中农12号等品种。

(2)培育壮苗　定植后加强管理,使植株健壮,增强植株的抗病能力。如采用温床育苗,小高畦地膜覆盖栽培,合理密植,合理水肥供应,增施有机肥和磷钾肥,定期喷洒糖氮液等,要及时绑蔓、打杈、摘老叶病叶,做好嫁接育苗,人工施用二氧化碳气肥等。

(3)掌握温湿双控技术,进行生态防治　即采用控制黄瓜霜霉病菌生长繁殖所需的环境条件的方法,达到抑制病菌侵害的目的。

棚室黄瓜浇水方法:晴天早晨或上午浇水后,闭棚升温至30℃～33℃,并维持1～1.5小时,促进地表水分蒸发,然后通风排湿;2～4小时后,棚温降至25℃～28℃时,可再闭棚升温到30℃～33℃并持续1小时,再通风排湿。这样,当天夜间叶面结露量及水膜面积可减少 2/3,可明显减少发病。第二天,再次提温并通风排湿。至下次浇水前,采用四段变温管理、温湿双控技术。方法是:上午日出后,使棚温迅速达到 25℃~30℃,不可超过 32℃,湿度降到 75%左右(可适当配合早晨排湿半小时,调节室内空气中的水汽含量),实现温湿双控,可抑制发病,同时又满足叶片光合作用条件,增强抗病力;下午,棚温掌握在 20℃~25℃,因中午通风可使湿度降到 70%左右,即实现湿度单控;前半夜,掌握棚温 15℃~20℃,湿度小于 80%,促进同化产物运转,仍为湿度单控;后半夜,棚温降至 10℃~13℃,抑制呼吸消耗,可限制病菌活动,即温度单控。后半夜的湿度一般大于 90%,应尽量缩短结露时间,以限制病菌蔓延。当外界温度最低在 10℃时,可在日落后开风口通风 1~2 小时,以降低夜间的湿度。随着季节的转暖,逐渐延长夜间通风时间。当外界最低温度在 15℃时,可整夜通风排湿,但风口面积不能太小,否则起不到排湿作用。夜间大风天气应及时关闭风口,防风灾。

棚室栽培时,有条件的可采用地膜下滴灌技术或暗灌技术,以减少每次浇水后因地表大量蒸发水分而造成的高湿结露状态,减少管理难度。一般浇暗水后 72 小时内,棚室内结露时间仅持续 36 小时左右,比浇明水减少 21 小时,可明显减轻霜霉病的危害。浇暗水方法是在马鞍形高畦中间的小沟内膜下浇水,不浇高畦间的大沟,水渗后地膜与地面紧贴。这种浇水方式只是在冬季、早春寒冷季节、结瓜前期采用。因为当时室内以保温防寒为主,不宜大量通风排湿,特别是结瓜前期植株小、耗水量也不大,只在膜下小沟浇水就可满足需水量。

(4)辅以药剂防治　阴雨天或浇水后可在夜间用百菌清烟剂熏棚,也可选用利得烟剂(主要成分是霜脲·锰锌)熏棚。

病害初发期及时喷药防治。常用药剂有:70%乙锰500倍液,或58%甲霜灵·锰锌500倍液,或50%甲霜铜600~700倍液,或百菌通500~800倍液,或64%杀毒矾400倍液,或72%克抗灵800~1000倍液,或70%代森锰锌500倍液,或90%乙磷铝500倍液,或72.2%普力克水剂800倍液,或72%杜邦克露800倍液,或80%大生1000倍液,或69%安克锰锌500~1000倍液等。如果霜霉病与细菌性角斑病混合发生,可用60%琥·乙磷铝(DTM)200倍液,或50%琥胶肥酸铜500倍液加25%甲霜灵800倍液,或50%琥胶肥酸铜500倍液加90%乙磷铝500倍液等兼防两病;如果霜霉病与白粉病混合发生,可选用90%乙磷铝500倍液加15%三唑酮(粉锈宁)2000倍液兼防两病;如果霜霉病与炭疽病混合发生,可用90%乙磷铝500倍液加25%多菌灵400倍液,或75%百菌清600倍液加25%多菌灵400倍液兼防两病。注意2种以上药剂混合使用时,应先配好前一种杀菌剂,再根据已用水量和后一种杀菌剂的稀释倍数,计算出后一种杀菌剂的药量,混合后立即使用。

发病期间若遇连阴雨天气,或浇水后因管理不当病害加重而又不能进地喷洒药液时,可以每667米^{2}用45%百菌清烟剂250克,分4~5处熏烟,或每667米^{2}用75%百菌清130~150克加锯末点烟熏棚,以控制病害迅速蔓延,待天晴后,及时喷药防治。还可每667米^{2}选用5%百菌清粉尘剂1千克,用粉尘喷粉专用机喷撒。烟剂和粉尘剂可避免喷洒药液增加棚室内湿度,而且省工。缺点是治疗效果差些,特别是粉尘剂着落在叶片正面,影响叶片受光,对光合作用不利。

药剂防治应注意以下事项:用药应多种药剂交替使用;最多复配种类不超过3种,避免随意加大浓度、用量或复配种类过多,导致药害;喷药部位着重于病叶背面,以常规浓度慢速喷洒药液效果最好，高浓度快速喷洒药液喷不均匀，效果也差，而且易产生药害；病害严重的，喷药间隔可缩短为 3～4 天；若防治效果差，应考虑更换药剂或改进喷药技术，并配合加大通风排湿；用药过于频繁、用药量过大，虽可控制病情，但叶片老化，同样造成产量损失。

(5)高温闷棚　高温闷棚的方法：晴天早晨浇水，增加室内湿度，以提高植株耐高温能力，密闭棚室使室温升高到 45℃左右（不低于 42℃，不高于 48℃），保持 1.5～2 小时（从 43℃开始计时），之后降温。如果是日光温室，应先放苫遮光降温，再缓慢开风口通风降温至 25℃左右；如果是塑料大棚，应缓慢开风口通风降温至 25℃左右，严禁通风太急。风口过大或突然开大风口，会因温度突然下降，叶片边缘卷曲变干，直接损害功能叶片。闷棚时温度计应放在棚室的中部，高度与龙头相平，最好用水银温度计，每 10 分钟观察记载 1 次，密切注意温度变化，切不可粗心大意。闷棚前必须浇水，否则易受高温伤害。连阴乍晴，由于叶片组织较嫩，根系吸水能力尚未恢复，不要急于闷棚，以免叶片发生日灼伤害。闷棚期间，如果发现龙头小叶开始抱团，表示温度过高，要及时通小风降温；如果龙头已经打弯下垂，说明龙头已受日灼伤害，通风降温会干枯死亡。闷棚次数不宜过多，切不可多次闷棚。如果 1 次闷棚控制不住，可隔 2～4 天再闷棚 1 次。闷棚应选在 3 月底至 5 月，低温季节温度上不去，效果不明显。闷棚后，植株和幼瓜受高温影响，生长会受到一定限制，为使其尽快恢复生长势，可追施速效肥料，或叶面追施糖氮液补充营养。

(四)细菌性角斑病

1. 发病症状和诊断要点　主要侵害叶片和瓜条，偶尔也在叶柄、卷须、茎上发生。从幼苗期至成株期均可受害。子叶染病，初呈水渍状近圆形凹陷斑，后变黄褐色干枯。如果病菌向幼茎蔓延，可引起幼苗软化死亡。真叶染病，初呈鲜绿色水渍状小斑，扩大后受叶脉限制而呈多角形淡黄褐色病斑。潮湿时，叶背面病斑处有乳白色浑浊水珠状菌脓，干后呈白色菌膜。后期病斑组织变薄（对着阳光看明显），易开裂或穿孔，这是与霜霉病的主要区别之一。瓜条发病，初为水渍状小斑点，扩展后变为不规则或连片，淡黄褐色，出现溃疡或裂口，表面溢出乳白色菌脓。病菌由果面向果肉扩展，沿维管束的果肉逐渐变色，并可延伸到种子，严重时瓜条腐烂。病菌侵入种子后使种子带菌。茎、叶柄、卷须染病，侵染点出现水渍状小点，沿茎沟纵向扩展，呈短条状，湿度大时溢出乳白色菌脓。严重时，纵向开裂呈水渍状腐烂，变褐干枯，表层残留白痕。

2. **发病原因**　病菌为细菌。病菌在种子内、外或随病残体在土壤中越冬，成为翌年的初侵染源。一般种子带菌率为2%～3%。病菌通过风、雨、昆虫、农事活动传播，侵入组织伤口或自然孔口导致发病。发病温度7℃～30℃，湿度70%以上。棚室低温高湿利于发病，如夜间温度7℃～10℃、湿度饱和时间超过3小时容易发病，超过6小时病斑更大。因此，冬春茬黄瓜的细菌性角斑病比霜霉病早1个节气。雨季易发病，田间浇水后次日易发病，棚室内经常由膜下滴水的地方易发病，定植密度过大田间操作时叶片受摩擦产生伤口易于发病，磷钾肥不足也易发病，种子带菌时出苗前后子叶即受侵染。

3. **防治方法**

（1）种子处理　选无病植株留种采种。种子先在70℃恒温干热下灭菌72小时，50℃～55℃的温水浸种10～20分钟，再浸种催芽。因为这种细菌在50℃下10分钟可以被杀死。

还可用次氯酸钙 300 倍液浸种 30～60 分钟，或用福尔马林 150 倍液浸种 1.5 小时，或用 100 万单位硫酸链霉素 500 倍液浸种 2 小时，或用 50%代森铵 500 倍液浸种 30 分钟，清水冲洗干净后再浸种催芽或播种。

(2)合理管理　用无病土育苗；实行轮作倒茬；清除田间病株及时深埋销毁。

(3)生态防治　严格控制棚室温湿度，防止棚室内低温高湿。方法同黄瓜霜霉病防治。

(4)药剂防治　原则是定期用药预防，发现病症且与霜霉病难辨别时，采用两病兼治的复合药剂，避免漏诊或误诊造成严重损失。常用药剂有：72%农用链霉素 4 000 倍液，或新植霉素 5 000 倍液，40 万单位青霉素钾盐 5 000 倍液，14%络氨铜水剂 300 倍液，或 50%甲霜铜 600 倍液，或 50%琥胶肥酸铜 500 倍液，或 60%琥·乙磷铝 500 倍液，或高锰酸钾 800～1 000 倍液，或 70%百菌通500～600 倍液，或 77%可杀得 400 倍液等。需要注意的是，黄瓜植株对铜制剂较敏感，使用浓度不能随意加大，且喷洒时应戴口罩，喷洒后应及时用肥皂洗手，防止人员中毒。通常，津研系列品种抗霜霉病能力强，但是易受细菌性角斑病侵染危害，在预防重点上应该多加注意。

(五)枯萎病

1. 发病症状和诊断要点　从幼苗至成株均可发病，以结瓜前期和中期最重。苗期发病，幼茎基部缢缩变褐，叶片先萎蔫，然后枯死猝倒；成株期发病，初为叶片白天萎蔫、夜间恢复，几天后萎蔫枯死。病株茎基部变褐呈水渍状腐烂，后期纵裂，常有松香状物质流出，潮湿时长出白色至粉红色霉层。横切茎基部病部，可见维管束变黄褐色。

2. 发病原因　病菌为真菌。病菌以菌丝体、菌核、厚垣孢子在土壤、病残体上越冬，种子也可带菌。靠种子、土壤、肥料、水、害虫、农具等传播。从根部伤口或茎基部伤口侵入，也可直接从根毛顶端细胞侵入，或从地下害虫（如根结线虫）咬食根茎处侵入。病菌侵入后，蔓延至维管束组织中，由下向上扩展。病菌在根茎维管束内堵塞水分和养分运输，分泌毒素，引起植株地上部萎蔫。

枯萎病为土传病害，土壤高湿（根部积水、大水漫灌）和地温 24℃～28℃下病菌侵染和扩展很快。重茬地、徒长植株、氮肥过多、土壤呈酸性时，枯萎病发生较重。

3. 防治方法

（1）选用抗病或耐病品种　如新泰密刺、山东密刺、津春5号、津优1号、津优2号、津优3号、中农7号、中农12号等。

（2）种子消毒　用50%多菌灵500倍液浸种1小时，或福尔马林150倍液浸种30分钟，然后用清水冲洗干净，再浸种催芽或播种。

（3）土壤消毒　每平方米苗床消毒用50%多菌灵8克，拌细土下铺上盖。每667米^{2}用50%多菌灵2千克，加30千克细土拌匀撒入定植沟内。

（4）药剂防治　发病初期用药液灌根茎部位。常用药剂有50%多菌灵500倍液，每株灌药液0.25升，每5～7天灌1次，连灌2～3次。也可选用50%甲基托布津400倍液，或40%双效灵800倍液，或30%恶霉灵1 000倍液等灌根。

（5）加强田间管理　合理施肥浇水，防止大水漫灌；注意清除田园病残体，及时防治地下害虫，采用嫁接换根。

（六）灰 霉 病

目前，棚室蔬菜灰霉病菌有增加趋势，常造成棚室黄瓜大量烂果，减产20%以上，严重时被迫提前拉秧。灰霉病在蔬菜病害中防治难度较大,应予以高度重视。

1. 发病症状和诊断要点 病菌主要危害幼瓜、叶片和茎。病菌先从开败的花瓣处侵染,造成瓜条顶部变软腐烂,并长出灰色霉层。花瓣、卷须等落在叶片上或茎上,干缩后遇高湿条件首先长出灰霉层,再对叶片或茎造成侵害,病斑湿烂,形状不规则,表面有灰霉层(彩4)。

2. 发病原因 病菌为真菌。在病残体及土壤中越冬,借气流、流水和田间操作传播。侵害适温18℃~23℃,最高30℃~32℃,最低4℃,适宜湿度为90%以上。

3. 防治方法 及时通风排湿;发病初期喷洒50%速克灵1000~1500倍液,或50%扑海因1000~1500倍液,或65%抗霉威1000~1500倍液,或50%甲基硫菌灵500倍液。喷药着重于幼瓜的花瓣部位,加入农药展着增效剂,有利于提高用药效果。

(七)白粉病

1. 发病症状和诊断要点 从幼苗期至成株期均可发生,以中后期危害较多。白粉病主要危害叶片,其次是叶柄和茎,一般不危害瓜条。发病初期叶片正面出现白粉斑,幼茎、叶柄也会出现,严重时白粉连片。后期白粉霉斑因菌丝老熟变为灰白色并带小黑点,病叶枯黄但不落叶。

2. 发病原因 病菌为真菌。病菌随病残体在土壤中越冬,借气流或雨水传播,落在叶片上侵染。白粉病菌分生孢子在10℃~30℃可以萌发,20℃~25℃最适宜繁殖侵染,在高湿(相对湿度为90%~95%)下有利于萌发,在低湿(相对湿度为36%~40%)下易从叶片表皮直接侵入。因此,高温高湿与高温干旱交替出现,又有大量白粉菌源时,很易流行。

3. 防治方法 棚室黄瓜栽培应加强通风,降温排湿,加强肥水管理，防止植株徒长和早衰。发病初期喷洒15%粉锈宁1 000～1 500倍液，或进口25%粉锈宁2 000～4 000倍液，也可选用50%多硫胶悬剂300～400倍液，或75%百菌清600倍液，或50%甲基硫菌灵1 000倍液，或50%多菌灵600倍液，或2%农抗120水剂200倍液，或2%武夷菌素200倍液等防治。用药要点是，早预防，午前防，喷均匀，大水量。每667米^{2}还可用45%百菌清烟剂250克熏棚。定植前每100米^{3}用硫黄粉250克，加锯末500克混匀点烟熏棚灭菌；还可喷洒27%高脂膜乳剂80～100倍液，每5～7天1次，连喷2～3次。

二、虫害的识别与无公害防治

黄瓜栽培中常见的虫害有蛴螬、蝼蛄、小地老虎、根蛆、白粉虱、蚜虫、茶黄螨、斑潜蝇、红蜘蛛、黄守瓜等。现仅就几种主要虫害的识别与防治方法进行介绍。

（一）温室白粉虱

1. 为害特点 温室白粉虱简称白粉虱。成虫和若虫主要群集在黄瓜叶背面，以刺吸式口器吸吮植物汁液，被害叶片褪绿、变黄、萎蔫，甚至全株枯死。白粉虱繁殖力强，繁殖速度快，种群数量庞大，群集为害，并分泌大量蜜液，严重污染叶面和果面，呈煤污病状，降低商品价值，可减产10%～30%。

2. 防治方法 白粉虱体表附着白色蜡粉，抗药力强，喷药效果差。每667米^{2}可用80%敌敌畏乳油250克加锯末，于傍晚在棚室内熏烟；也可喷洒10%扑虱灵1 000倍液，或25%灭螨猛1 000倍液，或21%灭杀毙4 000倍液，或2.5%天王星3 000倍液，或2.5%功夫5 000倍液，或20%灭扫利2 000倍液，或10%吡虫啉1 000倍液等，连续用药3～5次；还可利用白粉虱的趋黄习性，在温室、大棚内设置1米×0.1米的黄板，板上涂10号机油（加少量黄油），每667米^{2}设置30多块，诱杀成虫；棚室通风口和门口应设网纱，控制内外虫源迁飞蔓延为害。

（二）蚜　虫

1. 为害特点　蚜虫又叫腻虫。以成虫或若虫在黄瓜叶片、嫩茎上吸食汁液为害。嫩叶和生长点被害后，叶面卷缩，生长停滞；老叶受害干枯死亡。严重时造成减产，或提早衰老拉秧。

2. 防治方法　常用药剂有：21%灭杀毙6 000倍液，或40%氰戊菊酯6 000倍液，或20%灭扫利2 000倍液，或2.5%功夫4 000倍液，或2.5%天王星3 000倍液，或80%敌敌畏1 000倍液，或10%吡虫啉1 000倍液等喷洒除治，喷药着重叶背面的虫体上。棚室内防治蚜虫，每667米^{2}可用80%敌敌畏250～400克加锯末1.5～2千克，于傍晚点烟熏杀；每667米^{2}还可用杀瓜蚜烟剂1号500克熏烟，点烟密闭3小时，杀蚜效果可达90%以上；每667米^{2}还可用灭蚜粉1千克，灭蚜效果也很好。

（三）茶黄螨

1. 为害特点　茶黄螨繁殖速度很快，在28℃～32℃条件下4～5天就可繁殖1代，18℃～20℃时，也只需要7～10天。在华北地区，大棚内5月下旬开始发生，6月下旬至9月中旬为盛发期，露地蔬菜7～9月受害重，温室育苗3～4月开始发生为害。主要在温室内越冬，少数雌成螨可在越冬作物或杂草根部越冬。茶黄螨靠爬行传播蔓延，还可借人为携带或借气流作远距离传播。成螨和幼螨集中在作物的幼嫩部位，刺吸植物汁液，造成植物畸形和生长缓慢。黄瓜受害后，上部叶片变小、厚、硬，叶背变黄褐色，有油质状光泽，叶缘向下卷曲，生长点枯死不发新叶。由于螨体微小，肉眼难见，而且趋嫩为害，常被误认为生理病害或病毒病。

2. 防治方法　喷洒73%克螨特1 000～2 000倍液，或25%灭螨猛1 000倍液，或10%吡虫啉1 000倍液，或1.8%阿维菌素3 000倍液等，杀卵、杀螨效果都较好，并可兼防美洲斑潜蝇。喷药着重在植株上部的嫩叶背面和嫩茎。

三、生理病害的识别与防治

生理病害为非侵染性病害，是由于环境因素不合适，使蔬菜植物的正常代谢受到破坏而造成的生理障碍。有单一环境因素造成的生理障碍，也有2个或多个环境因素综合造成的生理障碍。现仅介绍黄瓜生产中主要的生理病害及其对策。

(一)化　瓜

雌花或幼瓜不能正常生长发育，逐渐变黄而萎缩干枯。化瓜是黄瓜生产中普遍存在的问题，直接影响黄瓜的产量和产值。特别是棚室栽培，如果管理不当，化瓜率可高达30%～60%。产生化瓜的原因很多，大体可归纳为以下几个方面。

1. 同化产物缺乏

(1)光照不足　连阴寡照、栽植过密、茎叶徒长郁闭、架形不合理(棚室内插人字架)等，不利于光合作用，同化产物少。解决办法：叶面喷洒糖氮液直接补充营养；合理密植，特别是冬茬黄瓜结瓜期正处于弱光季节，每667米^{2}宜栽3 000～3 500株；及时绑蔓、打杈、摘心、摘老叶、摘病瓜；副行植株及时拔除；叶片薄大茂密的，适当摘除部分叶片，改善群体内的透光性能；改人字架为双排梯形架；棚室内采用尼龙网或聚丙烯包扎带做架材，以减少遮光；张挂反光幕，改善温室北侧光照条件等。

(2)温度不适宜　白天气温过高(超过35℃)或过低(低于20℃)，叶片的同化产物少；昼夜温差小，夜温过高(高于18℃)，呼吸消耗增加，养分累积少。解决办法：采用“四段变温”管理，加强通风降温，保持一定的昼夜温差；高温强光季节，喷洒光合微肥，减少光呼吸消耗。

(3)肥水不足　缺水缺肥，或因施肥不当造成微量元素缺乏等，也影响光合作用。解决办法：保证水肥合理供应，增施有机肥，合理追肥，防止偏施氮肥，配合施入磷钾肥；避免过量施用速效氮、磷、钾肥；发现微量元素缺乏症，应及时叶面喷洒补充。

(4)二氧化碳短缺　棚室密闭不通风，易造成二氧化碳短缺，影响光合作用。解决办法：要加强通风换气，特别是严冬保温季节要坚持中午通风，补充室内二氧化碳；增施有机肥，利用微生物分解有机质放出大量二氧化碳；室内后部种植平菇可补充二氧化碳；还可人工二氧化碳施肥。

(5)病虫危害严重　如霜霉病、细菌性角斑病、炭疽病、白粉病、黑星病等，会直接危害叶片，造成叶片坏死，严重者造成全叶或整株叶片干枯，无法进行光合作用而化瓜。蚜虫、茶黄螨、白粉虱等害虫通过吸取黄瓜叶片汁液和污染叶片，破坏光合作用，造成营养不良而化瓜。因此，黄瓜生育期间，应密切注意病虫害的发生与发展，及时防治，使病虫危害程度降到最低水平。

(6)药害严重　不合理用药或喷药浓度过高、喷药过勤，使叶片产生药害而老化或干枯，使叶片光合能力下降甚至丧失(彩4)。另外，频繁高温闷棚或高温闷棚方法不当，也可使叶片老化或干枯，影响叶片光合能力。因此，应掌握合理的用药技术和高温闷棚技术。

2. 同化产物分配不合理而导致化瓜

(1)茎叶生长过盛　由于氮多水足、夜温偏高、根瓜坐住之前浇水追肥、临时空秧、株上无瓜仍照常充足供应水肥等因素，使茎粗节长，叶片薄大，长势过旺，而瓜条生长缓慢，雌花和幼瓜得不到同化产物而化掉。解决办法：发现茎叶徒长(常称为疯秧)后，及时控制浇水；加强通风，降低夜温，加大昼夜温差；龙头弯曲向下绑，抑制长势；顶部喷洒生长抑制剂，如500～1 000毫克/升矮壮素，或1 000毫克/升缩节胺等；雌花上喷洒500～1 000毫克/升赤霉素，以促进坐瓜和瓜条生长，迫使同化产物流向瓜条。

(2)花果生长过盛　植株上的雌花、幼瓜过多，有限的同化产物只能向大瓜或部分雌花和幼瓜分配，大部分雌花和幼瓜化掉。一是花打顶苗(封3)。苗期长期低温干旱，昼夜温差过大，茎叶生长受到强烈抑制，苗期至初花期常表现出龙头紧聚，生长点小叶密集，各叶腋出现大量小瓜纽。若管理不当，会因营养体弱小、营养不足而大量化瓜。二是冬季育苗喷乙烯利或喷乙烯利过量，致使结瓜期雌花大量着生(封3)，每节有3～8个雌花，争夺有限的同化产物，致使大部分雌花和幼瓜化掉。即使一小部分雌花和幼瓜发育，仍然生长缓慢，甚至发育不正常而导致瓜条畸形。三是摘瓜不及时。大瓜争夺养分能力强，使上节位雌花和幼瓜生长缓慢，甚至化掉。依上述3种情况分别采取相应对策。一是定植后不蹲苗，大水大肥，适当提高棚室温度，促秧促瓜；花打顶苗还要适当疏去过多的幼瓜纽；适当喷洒500～1 000毫克/升赤霉素，促进茎叶生长，解除顶花团聚对茎叶生长的强烈抑制作用。二是要适当疏去过多的雌花和幼瓜，同时浇大水追施速效氮肥，提高棚室温度，配合叶面喷施光合微肥、尿素加磷酸二氢钾混合液肥，促进叶片光合作用，促进坐瓜和瓜条生长。三是要及时采收根瓜，初瓜期早摘，防止漏采，避免大瓜坠秧。

(二)畸形瓜

黄瓜瓜条通常为圆棒状，上下粗细均匀，形状周正，顶端略尖。而生产中常出现各种各样的畸形瓜(封3)，如弯曲瓜、小头瓜、大头瓜、蜂腰瓜、肩形瓜、短形瓜、双体瓜等，严重影响产量和售价。

1. 弯曲瓜

(1)形成原因

第一，雌花发育不良，开花时子房小而且弯曲、色淡，开花方向向上，将来易形成弯瓜。

第二，瓜条生长过程中，得不到足够的同化产物的瓜条易弯曲。所以，凡是严重影响光合作用的因素，都会造成营养不良而导致弯瓜；植株上雌花和幼瓜过多，互相争夺养分，易引起弯曲；大水大肥造成疯秧时，易出现大量钩子瓜；植株衰弱、高温干旱、钾肥不足时，瓜条严重弯曲成圈状。

第三，瓜条生长时受到支架、茎蔓、叶柄、卷须等阻碍，不能正常下垂生长而形成弯瓜。

(2)防治方法　主要从改善环境条件入手，合理管理温、光、水、肥，改进栽培措施，协调秧果生长关系，提高同化机能，使果实能够获得足够的营养而正常伸长生长。

2. 小头瓜

(1)形成原因　俗称尖嘴瓜、尖子。瓜条基部正常、顶端瘦小。坐瓜后瓜条膨大期间，同化产物和水分供应不足，致使尖嘴瓜大量发生。高温缺水，土壤盐分浓度过高(主要是阻碍吸收水分),连阴天,栽植过密,病虫危害严重,摘叶过多,疯秧,植株长势弱甚至衰老,根系受损伤,膨瓜时水肥跟不上,植株上挂果过多(有时一株上有2条瓜同时生长,其中一条瓜生长较慢,就会形成尖嘴瓜),都易引起尖嘴瓜大量发生。

(2)防治方法　结瓜期间加强温度管理和水肥管理,防止夜温高和水肥跟不上,提高叶片同化机能和根系活力,加强病虫害防治,维持植株长势,防止早衰。

3. 大头瓜　俗称大肚瓜。瓜条基部和中间正常,只是顶部比较大,影响商品质量。大头瓜多数易形成弯曲瓜。

(1)形成原因

第一,我国现有栽培品种绝大多数单性结实能力强,昆虫传粉常受精不完全,只是顶部形成种子,养分集中供给顶部,使顶部膨大。切开瓜条,可见顶部种子明显发育。

第二,光合作用受阻碍(如弱光、栽植过密、摘叶过多、高温等)和光合产物转运受阻碍(如缺钾、前半夜温度管理不适宜)时易产生大量大头瓜。

第三,春季棚室内温度高,根系吸收能力强,瓜条膨大期间浇水过大或膨瓜后期缺水,易形成大头瓜。

(2)防治方法　合理管理温光水肥,提高同化机能,防止缺钾,前半夜温度掌握在15℃~18℃,以促进同化产物转运。棚室周围的通风口和门口用网纱封严,防止昆虫飞入传粉。

4. 蜂腰瓜　又称细腰瓜。瓜条中部一处或几处变细,似蜂腰状。纵剖瓜条,可见内部产生空洞或褐色龟裂。发病较轻的瓜条,外表看不到细腰状,但内部有空洞或龟裂现象。

(1)形成原因　一般是在花芽分化和花芽发育中出现障碍引起的。

第一,连续高温干燥,生长势一旦减弱,易生成蜂腰瓜。

第二，植株长势过旺，群体通风透光性差，小环境高温多湿，易生成蜂腰瓜。

第三，硼向果实运转受阻碍，如多肥、多钙、干燥等会诱发缺硼，致使细胞分裂异常，子房发育受影响，最终形成蜂腰瓜。

第四，低温多湿、多肥、多铵态氮、多钾、缺钾、缺钙等因素会助长此症发生。

（2）防治方法　增施有机肥、硼肥。每667米^{2}施用2～3千克硼砂，或叶面喷0.1%～0.2%硼砂液。同时注意养分平衡，防止偏施某一元素。

5. 肩形瓜　又称溜肩瓜。瓜条形状像酒瓶子或人的肩部，瓜把短细，瓜身部位正常膨大。

（1）形成原因　夜温低、营养过剩（如多钾、多铵态氮、缺钙等）时易发生。因此，冬季或早春温室中发生较多；花芽分化时缺钙也会在瓜条膨大后表现肩形；温度低时，植株长势过强或过弱，也易发生肩形瓜。

（2）防治方法　严格温度管理，防止施肥过多，防止土壤干燥或过湿，避免苗期低温、多肥诱发缺钙等。

6. 短形瓜　瓜条明显短于正常瓜条。

（1）形成原因

第一，低节位的雌花发育不完全，子房短，易生成短形瓜。

第二，嫁接不好，妨碍植株生长发育，易生成短形瓜。

第三，土壤中盐类累积、肥料过多时，易生成短形瓜。

（2）防治方法　及早除去低节位的雌花和侧枝，根据生长势适当疏花疏果；保证嫁接质量，使接穗与砧木的输导组织对齐；避免过量施用化肥，适期浇水，防止干旱。

（三）低温危害

黄瓜喜温不耐寒，在深秋、严冬至早春季节，常因严寒、寒流或早霜、晚霜等而遭受寒害或冻害。黄瓜在0℃～3℃常遭受寒害，在0℃以下的低温下常遭受冻害。不论是寒害还是冻害，都会给黄瓜栽培带来巨大损失。

1. 冻害　通常是突发性的，短时间的0℃以下低温，使黄瓜植株受冻，受冻的叶片和茎初显水渍状，然后全株茎叶迅速干枯死亡，轻者生长点能恢复，但生长缓慢，生育延迟。温室育苗时，若突然开风口，会使叶片受冻变白(即闪苗)。

2. 寒害　寒害发生较缓慢，需要较长时间的持续低温。黄瓜根系在地温12℃以下不能发生根毛，10℃以下根系不能伸长。因此，地温长期持续过低，会使新根不发，老根迅速衰老发黄发锈，甚至死亡(即寒根)。地上部子叶或真叶会逐渐干枯，最终导致死苗。即使地温回升后，植株能缓慢恢复生长，其生长速度也远不如未受低温影响的植株。棚室内久阴乍晴，会因温度低发生寒根而使地上部萎蔫死亡。短期气温过低，叶片向下卷成瓢形或匙形；长期气温过低会发生寒害，叶片出现褪绿白斑，呈现缓慢花打顶现象，导致花芽畸形、畸形瓜较多。

3. 防治方法

(1)避开霜冻期　露地春茬、春地膜覆盖、露地秋茬为防晚霜和早霜危害，应安排在无霜期内生产；棚室生产，包括春提早、秋延后和冬茬生产，都要依棚室的结构性能安排定植期，盖膜期和上苫期要加强防寒保温工作。如冀中南地区，日光温室冬春茬黄瓜通常在2月上旬至3月上旬定植(10厘米地温稳定在12℃以上)、大棚春早熟黄瓜一般在3月中下旬定植，大棚或日光温室秋延后黄瓜宜在9月下旬至10月初及时盖膜，10月底及时上草苫保温防寒。

(2)选用耐寒能力强的品种　如新泰密刺、山东密刺、津春3号、津优3号、中农7号、中农13号等。

(3)培育壮苗或嫁接育苗　可增强植株抗寒能力。加强苗床的温、光、水、肥、气、病等的管理工作,嫁接苗比自根苗的整体抗寒能力增加。

(4)加强低温锻炼　可增强植株的抗寒能力。有种子冰冻处理和变温催芽、幼芽低温锻炼以及定植前低温炼苗3种方法(参考第四章春早熟黄瓜有关部分)。

(5)加强设施保护能力抵御寒流　棚室内外采用多层覆盖、临时生火加温等措施抵御寒流。如日光温室严冬季节盖双苫或单苫下加盖纸被、棉被、无纺布等,室内采用小拱棚、地膜、天幕、前底脚挂薄膜围裙等措施,均可明显增温保温防寒防冻。

(6)要注意天气预报和天气变化　掌握棚室内外晚上8~10时和早晨5~7时的温度变化规律,采取相应保温防寒防冻措施。

(7)提早蓄热抵御寒流　早春大棚、中棚、日光温室要提早1个月左右盖膜暖地化冻贮蓄热量,增加地温,促进发根壮秧,增强抗寒能力。

(8)采取缓解补救措施　针对冻害危害程度采取不同减灾措施。如果凌晨发现叶片受冻害,植株顶部未受冻害,可在太阳出来前开棚通风,不揭苫,也不要揭开小拱棚膜,使棚内温度在日出后缓慢回升,并喷洒0.3%葡萄糖加0.2%丙三醇(甘油)以减缓水分散失,减轻受害程度。缓苗活棵后,适量追肥浇水促进发棵。恢复缓解冻害过程中,千万不要突然升温。如果冻害严重,植株枯死,应待天气好转后及时补栽或复栽。

(四)水分管理存在的问题

1. **苗床多水或频繁浇水产生危害**　黄瓜苗床水分管理

的原则是浇足底水保证水分供应。若补水过多，会造成苗床土壤高湿渍水。伴随地温过低，特别遇阴雨雪天气，土壤低温高湿更加严重，造成根部发锈腐烂，即发生沤根。还可造成苗床土壤板结，影响土壤透气性和根系发育。苗床多次补水，导致苗期植株生长速度不均匀，影响花芽分化与发育，定植后植株上常间断性无雌花，出现临时空秧、结瓜间歇现象。防治措施：控制苗床浇水次数和浇水量；缺水干旱时及时补水，水后覆土保墒；苗床过湿渍水时，可撒细干土或草木灰吸湿。

2. **初花期干旱**　主要原因是不按生育期特点浇水。棚室冬春季节定植黄瓜多采用暗水浇沟栽苗，缓苗后再浇缓苗水，防止大水明水栽苗，使地温降低影响缓苗发棵。定植后不浇缓苗水或错过缓苗水浇灌适期，开花座果期干旱缺水，会使管理困难。因为开花座果期浇水易疯秧，也影响发根和初花期坐瓜。此时若不浇水，叶片萎蔫加重，也影响扎根发棵和坐瓜。所以，缓苗水不可随意省去或推迟浇灌。另外，要严禁随缓苗水追施尿素等速效肥料，防止疯秧。

(五)肥害与棚室土壤次生盐渍化

1. **肥害**　施有机肥特别是鸡粪及磷钾复合肥过多，苗床或定植沟含肥浓度过高，造成苗床幼苗心叶黄化或栽植床植株叶色浓绿、叶片加厚、不发棵，还可能诱发缺素症，如缺铁、缺硼等。另外，有机肥不腐熟或沟施磷钾肥过多，还会造成烧根死苗。黄瓜喜肥不耐肥，要施入腐熟的有机肥，鸡粪用量不要太多，沟施粪肥和磷钾复合肥要用四齿搂2遍与土壤混匀。

2. **棚室土壤次生盐渍化**　蔬菜喜肥，新建日光温室或大棚前茬为大田作物，应增施有机肥培养土壤肥力，还要适时适量追肥。多年种植蔬菜的日光温室或大棚，往往由于连年大量施入化肥，加上棚内高温促进地表水分大量蒸发，造成土壤矿质营养随毛细管水分上升累积于土壤表层，加上棚膜周年覆盖，室内土壤不受雨水冲淋，常发生土壤次生盐渍化。不仅影响根系生长和水分、养分的吸收，还会因元素拮抗作用诱发缺素症，如缺镁、缺钙、缺硼等，植株矮小不发棵；根系不下扎而聚集在主根周围；叶片小，叶色暗绿无光泽；开花结果少，瓜小，畸形瓜多，产量明显下降，严重时瓜秧萎蔫。棚室土壤发生次生盐渍化后，若撤棚改为露地种植，其盐渍障碍会更明显。

3. 防治方法　一是更换土壤。二是深翻土壤，并结合增施有机肥提高其缓冲能力。三是大量灌水压盐或是在夏季休闲期揭膜，让雨水冲淋压盐。四是用黑籽南瓜嫁接黄瓜，提高耐盐能力，减轻或避免盐害。五是棚室内地膜覆盖可明显抑制地表蒸发，可起到一定的抑盐作用。六是轮作倒茬，在棚室内改种结球甘蓝、茄子、番茄、芹菜等耐盐能力较强的蔬菜。七是施用化肥要注意适量。

(六)缺素症

1. 缺素症表现　首先表现在叶片上。缺钙症主要表现为上位叶叶缘变黄褐色，叶脉间黄化，逐渐枯死；缺硼症表现为上位叶心叶变褐萎缩，叶脉间不黄化；缺铁症表现为上位叶叶脉间黄白化，逐渐全叶黄化；缺硫症表现为中位叶至上位叶黄化；缺锌症表现为中位叶叶脉间黄化，叶缘由黄色变成褐色；缺镁症表现为由下位叶至中位叶叶脉间黄化，叶缘部分绿色；缺钾症表现为中下位叶叶缘开始黄化，逐渐变为黄褐色；缺磷症多发生在低温期，叶色浓绿、小而且硬化；缺氮症表现为从下位叶开始发生脉间黄化，逐渐扩展到全叶黄化，进一步中上位叶也逐渐出现黄化。

2. 发生原因　可能是土壤缺素造成，多数情况是由于地温低、土壤干旱或渍水(缺氧)、土壤多氮或多钾、土壤酸性过重(导致缺钙)或土壤过碱(导致缺锌)等因素影响根系对矿质元素的正常吸收所致。

3. 防治方法　发现缺素症后应及时对土壤施用或叶面喷洒相应的营养元素。硼砂为 0.1% ~ 0.2%,氯化钙为 0.3%,硫酸亚铁为 0.1% ~ 0.5%,柠檬酸铁为 0.01%,硫酸锌为 0.1% ~ 0.2%,硫酸镁为 1% ~ 2%,磷酸二氢钾为 0.2% ~ 0.3%,尿素为 0.2% ~ 0.5%。

思考题

1. 你的棚室黄瓜病虫害严重吗?你在防治中有哪些体会?

2. 通过阅读本书有关病虫害识别与防治的内容,你有哪些体会?请大家互相交流。

第六章　无公害黄瓜生产技术简介

一、无公害蔬菜与绿色食品、有机食品的概念

（一）无公害蔬菜

无公害蔬菜是指产地环境、生产过程、目标产品质量，符合国家或地方农业行业无公害农产品标准和生产技术规程，并经产地和市场相关质量监督部门检验合格，允许使用无公害农产品标识销售的蔬菜产品。

影响蔬菜产品安全质量的有害物主要包括：农药残留、硝酸盐和亚硝酸盐、重金属及其他对人体有害物质和致病有害生物。

目前所提到的无公害蔬菜概念的特征有4个方面。

1. **制定全程标准和技术操作规程**　制定了国家或地方农业行业无公害农产品标准和生产技术规程，包括产地环境、生产过程、目标产品质量。

2. **设立管理机构，执行各项标准和规程的落实与监督职能**　目前，国家设立了农业部农产品质量安全中心，各个省也设立了地方多级管理机构，具体负责无公害农产品认证工作。这些管理机构建立监测制度，严格落实，不仅促进了我国无公害蔬菜生产的发展，也对国家全面推进“无公害食品行动计划”的实施发挥了重大作用。

3. **建立产品程序化认证**　国家农业部农产品质量安全中心和地方相应管理部门制定了无公害农产品的程序化认证

制度,使认证工作规范化、标准化、高效化。

4. **实施标识管理** 无公害蔬菜必须以无公害农产品标识进入市场,有利于我国无公害农产品市场的发育成熟,并且推进我国无公害蔬菜产业的良性发展。

(二)绿色食品

1990年5月15日,中国绿色食品工程在农垦系统正式实施。中国绿色食品发展中心指出,绿色食品是指经专门机构许可,使用绿色食品标志的无污染、安全、优质、营养类农产品的统称。其标志的寓意是出自纯净、良好的生态环境的安全无污染农产品;它能给人们带来蓬勃的生命力;提醒人们要保护环境和防止污染环境,努力改善人与自然环境的关系,创造自然界新的和谐。

绿色食品的必备条件:产品和产品原料的产地必须符合农业部规定的绿色食品生态环境标准;农作物种植、畜禽饲养、水产养殖及农产品加工必须符合农业部规定的绿色食品操作规程;产品必须符合农业部制定的绿色食品质量和卫生标准;产品外包装必须符合国家食品标签通用标准,符合绿色食品特定的包装、装潢和标签的规定。

中国绿色食品发展中心将绿色食品分为AA级和A级2类。

(三)有机食品

有机食品是指按照全球协调的有机农业标准和有机食品标准规定的生产管理过程进行生产的农产品。在国际市场,须有国际有机农业运动联合会(IFOAM)授权的有机食品认证机构的认证,并加贴有机食品标志。目前实施的认证标准,主要是IFOAM的基本标准。在2000年,第一种贴有"IFOAM认定"标志的产品已经在国际市场全面上市。各成员国依法对有机食品及其生产过程进行保护、监督和管理。

二、无公害蔬菜与绿色食品、有机食品的区别与联系

第一,有机食品、绿色食品与无公害蔬菜的兴起和发展具有相同的背景。都是为了减少污染,以保证生产出的食品具有安全和健康的特性。但是,绿色食品与有机食品的生产过程中,还要求保护生态环境。

第二,无公害蔬菜与A级绿色食品蔬菜相接近。AA级绿色食品蔬菜的要求比无公害蔬菜更为严格。有机食品的标准比绿色食品的更高更严,而绿色食品则相对较为宽松。有机食品在其生产和加工过程中,绝对禁止使用农药、化肥、激素、转基因品种、人工合成物质;而A级绿色食品则允许使用或限量使用。AA级绿色食品与有机食品基本上等同。

第三,有机食品需要国际认证,绿色食品在中国绿色发展中心认证,无公害农产品由各省认证或国家农业部农产品质量安全中心认证。有机食品生产和加工难度大,国际有机农业运动联合会从产地到加工上市,都制定了非常严格的标准,建立了严格的生产、质量控制和管理体系。绿色蔬菜的标准是国家统一的,而无公害蔬菜在我国大多采用地方标准,国家统一标准则刚刚实施。

第四,绿色食品有利于我国农业生产活动与国际有机农业运动相接轨,而发展无公害蔬菜则更适合于我国国情。随着无公害蔬菜进一步发展,其标准将日趋严格,并最终与绿色蔬菜走向统一。

三、无公害蔬菜生产的意义

无公害蔬菜生产既有利于发展优质高效农业和农业标准化生产，特别是加入世界贸易组织（WTO）后提高我国蔬菜产品在国际市场的竞争力，又可以减轻或者避免对环境的污染，有利于保护农业环境和农业可持续发展，也是现阶段中国蔬菜产业发展方向定位的必然选择，也是从传统农业向有机农业发展的过渡阶段。

目前，蔬菜消费潮流正在转向安全食品，包括无污染、无公害、绿色食品、有机食品等。有机食品属于国际食品贸易的主流。美日欧盟等国的有机食品贸易量每年以20%的份额增长。全球经济一体化和贸易自由化大趋势，使得农产品国际贸易中的技术贸易壁垒日趋森严，农产品转向有机食品是大势所趋。但是我国国情决定目前全盘进入绿色食品和有机食品阶段的条件还不成熟，需要以无公害农产品为过渡阶段，满足了目前人们购买力尚低时期的消费需求。无公害蔬菜在一定程度上弥补了有机农产品市场供应极度缺乏的状况。同时我国无公害蔬菜发展标准日益提高，趋向于绿色食品标准，最终会与有机食品趋于统一。因此，生产无公害蔬菜是我国蔬菜产业发展方向定位的必然选择，也是从传统农业向有机农业发展的过渡阶段。

无公害蔬菜食品避免受工业“三废”污染、农药残留污染和硝酸盐累积污染，是保证消费者身体健康的重要手段。

四、无公害黄瓜栽培技术

针对影响黄瓜产品安全质量的主要有害物类型，这里主要从降低农药残留和硝酸盐累积2个方面介绍无公害黄瓜栽培技术。

(一)降低农药残留的栽培技术

1. **选用抗病品种**　针对黄瓜霜霉病发病较为严重的问题，选用津春、津优系列的抗病品种，不但发病轻，容易控制病情，而且用药量会明显减少，从而获得降低农药残留、节约成本、增加收入的效果。

2. **物理防治**　采用种子药剂消毒与温汤浸种消毒，防虫网封闭门口和通风口，黄板诱杀白粉虱、美洲斑潜蝇和蚜虫，黑光灯诱杀配合人工捕杀地下害虫，以及糖醋液诱杀等物理手段，控制病虫危害程度，可以大幅度地减少农药用量，从而降低农药残留。

3. **生态防治**　针对黄瓜霜霉病发病较为顽固的问题，日常管理中温湿生态调控技术抑制病菌生长繁殖和侵染，可以有效控制霜霉病发生。另外，若遇到霜霉病严重现象，还可以采用高温闷棚措施杀灭病菌，起到有效控制病情的作用。对于白粉虱和蚜虫，可以采用丽蚜小蜂进行无公害防治。

4. **采用合理用药技术**　个别菜农过分依赖农药，而且在用药上采用经常性、高毒性、高浓度、大剂量、多种类混合等错误做法。其后果是导致病菌和害虫产生较强的抗药性，黄瓜植株上产生明显的药害，还增加成本和药物残留量。建议普及合理使用农药技术，提高药效，减少用药量。主要应该注意农药产品说明上的用量、用药浓度、用药程度、用药部位、用药时间、配药方法(拌匀)、药剂的混合使用与分用。还应该注意农药的残效期,保证用药后的安全采收间隔期。

5. 采用二氧化碳施肥新技术 二氧化碳施肥可以促进蔬菜植株生长,增加产量,增强机体的抗病能力,有抑制和减轻病害发生的作用。赵文华等(1988)对大棚黄瓜增施0.15%~0.2%二氧化碳,实验发现,霜霉病的发病率和病情指数都明显降低,相对防治效果提高约20%。

6. 采用黑籽南瓜嫁接换根 嫁接换根不仅可以防治黄瓜枯萎病,而且有利于提高低温季节根系的肥水吸收能力,增强地上部植株的抗病能力,减少杀菌剂用量。

7. 遵守国家明文规定,坚决不使用禁用农药 目前的禁用农药品种有:甲拌磷(3911)、治螟磷(苏化203)、对硫磷(1605)、甲基对硫磷(甲基1605)、杀螟威、久效磷、磷胺、甲胺磷、异丙磷、三硫磷、氧化乐果、磷化锌、磷化铝、甲基硫环磷、甲基异柳磷、氰化物、呋喃丹、氟乙酰胺、砒霜、杀虫脒、西力生、赛力散、溃疡净、氯化苦、五氯酚、二溴氯丙烷、401、六六六、滴滴涕、氯丹及其他高毒、高残留农药。

目前生产可用农药及生物农药中,杀菌剂有杀毒矾、金雷多米尔、克露、普力克、抑快净、扑霉净、世高、福星、达科宁、甲托、大生、安泰生、速克灵、施佳灵、扑海因等,杀虫剂有阿克泰、阿维菌素、爱诺虫清、功夫、农地乐、康福多、抑太保、锐劲特、菜喜、乐斯本、韭保净等,除草剂有金都尔、克无踪、施田补、威霸、精稳杀得等。

(二)降低硝酸盐累积的栽培技术

1. 平衡施肥 影响黄瓜中硝酸盐累积的因素有许多,其中施肥,尤其是氮肥是最主要的因素之一。通过选择适宜的氮肥品种、减少氮肥用量、氮肥深施等措施,科学施肥,合理用氮是降低硝酸盐累积的关键技术。对于氮肥种类来说，硝酸盐含量的累积顺序一般为硝铵 > 硫铵 > 尿素 > 碳铵 > 氯化铵。氮素化肥的施用量与黄瓜体内硝酸盐含量呈显著正相关，偏施和过量施用氮肥，是造成黄瓜硝酸盐累积的重要原因。一般每公顷用氮量不超过375千克。氮磷钾合理配施能改善黄瓜的营养状况，明显提高黄瓜对氮的利用，减少硝酸盐的累积。

2. **增施有机肥**　有机肥营养全面，肥效持续时间长，有利于改良土壤结构，且不会导致蔬菜中硝酸盐污染，是降低硝酸盐累积、提高产品营养价值的有效措施。有机肥在施用时，必须经高温腐熟。另外，追肥时可以采用传统的化粪池浇灌稀粪水来替代化肥，也可以在温室旁边建造养猪沼气池，将沼渣、沼液、沼气分别用作黄瓜的底肥、叶面肥和二氧化碳气肥。

思考题

1. 什么是无公害蔬菜？生产无公害蔬菜的意义？

2. 你打算如何种植无公害黄瓜？